中式面点制作

主　编　汪海涛

副主编　樊祥富　韩　冬　李　旭

参　编　花笑评

北京理工大学出版社

BEIJING INSTITUTE OF TECHNOLOGY PRESS

图书在版编目（CIP）数据

中式面点制作/汪海涛主编．—北京：北京理工大学出版社，2018.3（2021.12 重印）

ISBN 978－7－5682－5307－9

Ⅰ.①中…　Ⅱ.①汪…　Ⅲ.①面食－制作－中国　Ⅳ.①TS972.116

中国版本图书馆 CIP 数据核字（2018）第 024729 号

出版发行／北京理工大学出版社有限责任公司
社　　址／北京市海淀区中关村南大街 5 号
邮　　编／100081
电　　话／（010）68914775（总编室）
　　　　　（010）82562903（教材售后服务热线）
　　　　　（010）68944723（其他图书服务热线）
网　　址／http：//www.bitpress.com.cn
经　　销／全国各地新华书店
印　　刷／北京地大彩印有限公司
开　　本／710 毫米×1000 毫米　1/16
印　　张／8.75
字　　数／232 千字
版　　次／2018 年 3 月第 1 版　2021 年 12 月第 4 次印刷
定　　价／49.80 元

责任编辑／张慧峰
文案编辑／张慧峰
责任校对／周瑞红
责任印制／李　洋

教材建设是人才培养的重要方面，是课程建设和改革的关键环节，也是更新教学内容的重要手段，事关人才培养的根本问题。因此，不断推出新的教材，特别是打造成体系的精品教材，是一项有益的基础性工作。本教材设计的初衷是提高学生的实际动手能力和创新能力，主要内容有10个模块。学生通过学习本书的内容，可切实掌握中式面点的基础原理、技术要求和典型品种的制作。

本教材根据中式面点典型职业活动分析，中式面点制作课程以任务模块为载体，确定了10个模块：即面点基础模块、水调面团模块、膨松面团模块、油酥面团模块、米粉面团模块、其他面团模块、地方特色模块、面点创新模块、宴席面点配备模块、面点师职业规范模块。每个模块都选取具有代表性的基础理论和实操品种组成，共计300学时。本教材任务模块编排的原则是由易到难、理论与实践相结合、循序渐进，涵盖了全部教学目标。在专业能力、操作能力和社会能力的各项要求中，每一个工作任务都有相同的准则，却有不同的具体要求，同学们在完成每个工作任务的实践活动中逐步达到规范化、熟练化，最终达到岗位的要求并内化为自己的经验。本教材每个模块中融入了基础理论部分和实训任务两个方面，基础理论部分主要包括原料介绍、工具介绍、面团形成原理等，实训任务部分涉及相关知识和相关技能。每个任务的编排共分为8个环节：产品介绍、实训目的、产品配方、主要设备和器具、制作过程、评价标准、技术要点、拓展任务和营养特点。

本教材在实施过程中，一要加强对学生的指导，在学生练习后及时总结；二要与行业、职业岗位需求的变化调整并更新作品，教学内容与餐饮行业紧密对接，跟上时代的发展；三要根据学校授课时间、地点等条件进行适当调整。

本教材由辽宁现代服务职业技术学院面点高级技师汪海涛担任主编，辽宁现代服务职业技术学院高级面点师、高级营养师樊祥富，辽宁现代服务职业技术学院面点高级技师韩冬和辽宁现代服务职业技术学院高级面点师、营养技师李旭担任副主编。具体分工如下：汪海涛编写项目一、项目二、项目三、项目六、项目七实际操作项目及所有基础理论部分；樊祥富编写项目八及所有任务的营养特点；韩冬编写项目四、项目五；李旭编写项目九、项目十；花笑评负责资料收集和整理。

本书在编写过程中参考相关书籍的内容，在此向有关作者致以诚挚的谢意。

由于编者知识水平有限，不当和疏漏之处在所难免，恳请读者提出宝贵意见。

编　者

目录

中式面点
制作

项目一
面点基础模块

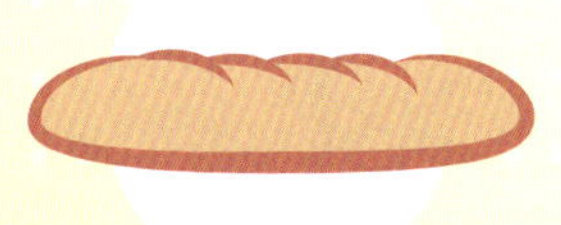

任务一 面点概述

一、面点的含义

面点是面食点心的合称，是指以面粉、米粉和杂粮等淀粉原料为主料，以油、糖、蛋、乳等为调辅料，以蔬菜、肉品、水产品、果品等为馅料，经过调制面团、制馅、成型和熟制等工艺，制成具有一定色、香、味、形、质的各种主食、小吃和点心。

二、面点的地位和作用

（一）面点的地位

（1）从营养学角度来看，面点可提供人体必需的营养素。

（2）从饮食业来看，面点和烹调密切关联，两者互相配合不可分割。

（3）从成品色、香、味、形等因素来看，面点具有使用方便、易于携带的特点，并且可以单独经营。

（二）面点的作用

（1）丰富和美化人民生活，方便群众。

（2）满足人们的饮食需求，调节口味。

（3）平衡膳食，提供人体必需的营养素。

（4）繁荣餐饮市场，促进烹饪业的发展。

三、中式面点的分类

（1）按原料类别分类，可分为麦类制品、米类制品、杂粮制品及其他原料制品。

（2）按面团性质分类，可分为水调面团、膨松面团、油酥面团、米粉面团、杂粮面团及其他面团。

（3）按成熟方法分类，可分为煮制品、烤制品、炸制品、烙制品、煎制品、蒸制品。

（4）按形态分类，可分为饼状、团状、条状、粥状、粽状等。

（5）按口味分类，可分为甜味、咸味、复合味。

（6）按地方特色分类，可分为广式、京式、苏式。

四、中式面点的特点

（1）选料精细，花样繁多。

（2）讲究馅心，注重口味。

（3）成型技法多样，造型美观。

（4）注重食补，养生保健。

五、面点的主要风味和流派

（一）京式面点的形成和特色

京式面点泛指黄河下游以及北方大部分地区制作的面食，包括华北、东北以及山东等地流行的民间风味小吃和宫廷风味的点心，以北京面点为代表，故称京式面点。

1. 京式面点的形成

（1）京式面点的形成与北京悠久的历史条件和古老的文化相伴。

（2）京式面点的形成与继承推动着本地民间小吃的发展。

（3）京式面点的形成是各地、各民族及宫廷面点并存的结果。

2. 京式面点的特点

（1）面粉为主、杂粮居多。

（2）馅心具有北方独特风味，善用“水打馅”。

（3）面食制品制作技艺性强。

3. 京式面点的代表品种

龙须面、狗不理包子、一品烧饼、艾窝窝、京八件、芸豆卷、豌豆黄。

京式面点

（二）苏式面点的形成和特色

苏式面点指长江中下游浙、沪一带地区所制作的面点，起源于扬州、苏州，以江苏面点为代表，故称苏式面点。

1. 苏式面点的形成

（1）扬州、苏州地区经济繁荣、物产丰富。

（2）名家不断总结经验，文人推动。

2. 苏式面点的特色

（1）品种繁多，皮坯形式多样。

（2）制作精细，讲究造型。

（3）馅心善掺冻，汁多肥嫩，味道鲜美。

3. 苏式面点的代表品种

三丁包子、翡翠烧麦、黄桥烧饼、杭州小笼包、宁波汤圆。

苏式面点

（三）广式面点的形成和特色

广式面点指珠江流域及南部沿海地区所制作的面点，以广东地区的面点为代表，故称广式面点。

1. 广式面点的形成

（1）优越的自然环境、丰富的物产资源是广式面点形成的首要条件。

（2）结合自身特点，吸取外来精华。

（3）“饮茶食点”“星期美点”的出现。

2. 广式面点的特色

（1）品种繁多，讲究形态、花色、色泽。

（2）使用油、糖、蛋较多。

（3）馅心用料广泛，口味清淡。

3. 广式面点的代表品种

蚝油叉烧包、咸水角、广式月饼、虾饺、粉果。

广式面点

任务二 面点常用设备和工具

一、面点常用设备

（一）烤箱

烤箱（烘焙炉）的热源有燃气、电能等，目前大多数采用电热式烤箱。因电热式烤箱结构简单、卫生、温度调节方便、自动控温而备受青睐。电热式烤箱可调节底火和面火，同时具有蒸汽功能，烘烤时各层制品互不干扰。

电热式烤箱

（二）搅拌机

搅拌机（又称打蛋器）为制作面点的常用投备，其用途广泛，既可用于蛋糕浆料的搅拌混合，又可用于点心及面包（小批量）面团调制，还可打发奶油膏和蛋白膏以及混合各种馅料。

搅拌机一般有圆底搅拌桶，有三种不同形状的搅拌头（桨）。网状搅拌头用于低黏度物料如蛋液与糖的搅打；桨状（扁平花叶片）搅拌头用于中黏度如油脂和糖的搅打，以及点心面团的调制；勾状搅拌头用于高黏度如面包面团的搅拌。搅拌速度可根据需要进行调控。

（三）和面机

和面机即面团搅拌机，专门用于调制面团，有立式和卧式两种。和面机能使面筋充分扩展，缩短面团的调制时间。如是普通的和面机，则需要配一台压面机，将和好的面团通过压面机反复再加工，以帮助面筋扩展。

（四）醒发箱

醒发箱是生物膨松面团最后醒发的设备，能调节和控制温度、湿度。如无条件购置醒发箱，也可自建简易醒发室，采用电炉烧水的方法来产生蒸汽并升温。

搅拌机

和面机

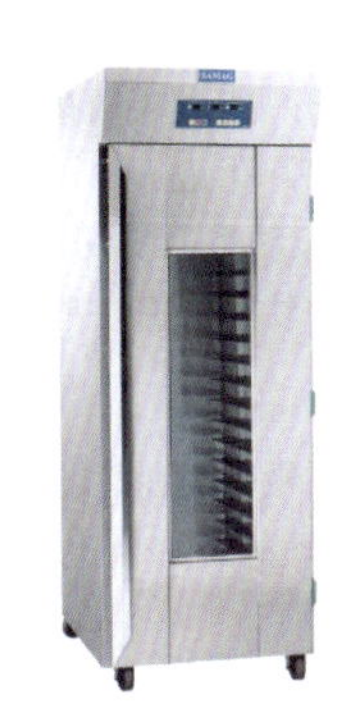
醒发箱

（五）油炸锅

目前多采用远红外电炸锅。这种电炸锅能自动控制温度，可有效保障制品的质量，如没有电炸锅也可用普通的平底锅代替。

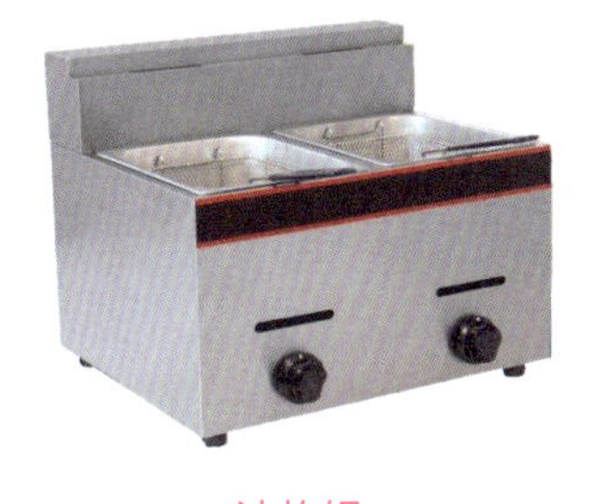
油炸锅

二、面点常用工具

（一）面杖工具

1. 擀面杖

擀面杖形状为细长圆形，根据尺寸可分为大、中、小三种，大的长 80 ～ 100 厘米，适合擀制面条、馄饨皮等；中的长 50 厘米左右，适合擀制大饼、花卷等；小的长 33 厘米，适合擀制饺子皮、包子皮、小包酥皮等。

2. 双手杖

双手杖需要双手同时使用，要求动作协调，主要用于擀制水饺皮、蒸饺皮等。

使用方法：将剂子按成扁圆形，将双手杖放在上面，两根面杖要平行靠拢，勿使分开；擀出去时应右手稍用力，往回擀时应左手稍用力；双手用力要均匀，这样就会擀成圆形。

以上几种面杖是面点制作中常用的工具。面杖使用后，要将面杖擦净，放在固定处，并保持环境的干燥，避免其变形、发霉。

各种擀面杖

双手杖

（二）面刮板

面刮板用不锈钢、塑胶等制成，主要用于刮粉、和面、分割面团。

面刮板

（三）制馅、调料工具

1. 刀

（1）菜刀：用于制馅或切割面剂。

（2）锯齿刀：用于蛋糕或面包切片。

（3）抹刀（裱花刀）：用于裱奶油或抹馅心用。

（4）花边刀：其两端分别为花边夹和花边滚刀，前者可将面皮的边缘夹成花边状，后者由圆形刀片滚动将面皮切成花边。

此外，还有一些专用制品的刀具。

2. 砧板

砧板是对原料进行刀工整理的衬垫工具，有多种规格，一般以白果木材制的砧板最好，一些组织坚密的木材也可制作砧板，现在也有用合成材料制作的砧板。砧板主要用于切制馅料、面条等。

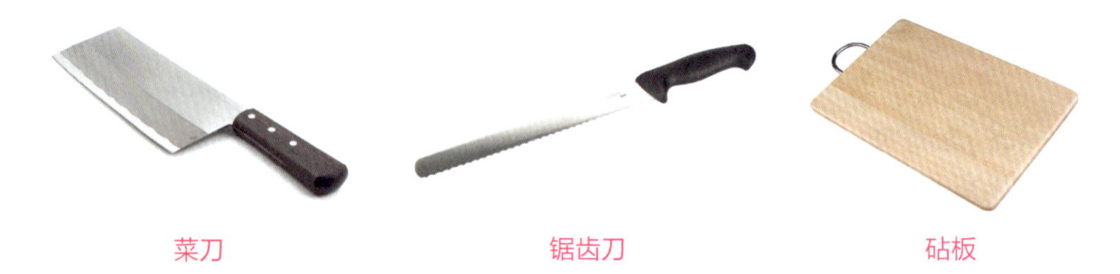

菜刀　　锯齿刀　　砧板

3. 盆

盆有瓷盆和不锈钢盆等，根据用途有多种规格，主要用于拌馅、盛放馅心等。

盆

（四）烤盘

烤盘用于摆放烘烤制品，多为不粘材质。

（五）印模

印模是一种能将点心面团（皮）经按、切成一定形状的模具，如月饼模、桃酥模、饼干模等。模具的形状有圆形、椭圆形、三角形等，切边有平口和花边两种。

（六）筛子

筛子用于干性原料的过滤，有尼龙丝筛子、铁丝筛子、铜丝筛子等。

烤盘

各种模具

筛子

（七）锅

锅可分两种：一种为加热用的平底锅，用于馅料炒制；另一类为圆底锅（或盆），用于物料的搅打混合。

（八）走槌

走槌用于擀制面团，有木制走槌、塑料走槌和金属走槌等三种，形状有平齿、花齿及用于制作特殊制品的圆锥体（烧麦）。

（九）铲

铲有木铲、竹铲、塑料铲、铁铲、不锈钢铲等多种，用于混合、搅拌或翻炒原料。

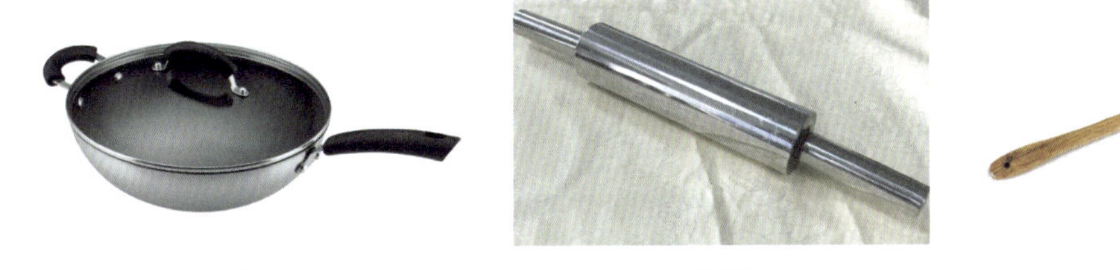

平底锅　　走槌　　木铲

（十）漏勺

在油炸制品时，使用漏勺往往和灌浆料同时操作，最少配备两把漏勺，以便于操作。

（十一）汤勺

有塑料汤勺、不锈钢汤勺、铜汤勺等，主要用于挖浆料，如乳沫类蛋糕浇模用。

（十二）油刷

油刷用于生产制品时油、蛋液、水、亮光剂的刷制。

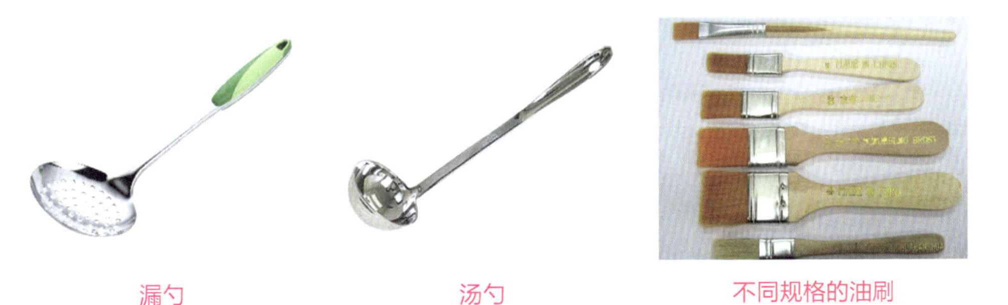

漏勺　　汤勺　　不同规格的油刷

（十三）打蛋器

打蛋器用于蛋液、奶油等原料的搅拌混合，分手工打蛋器和电动打蛋器。

（十四）衡器、量具

衡器、量具包括秤、量杯、量勺等。面点制作一定要有量的概念，尤其是西点，不能凭手或眼来估计原料的多少，必须按配方用衡器、量具来称量各种原料，注明体积的液体原料可用量杯来量取。

手工打蛋器

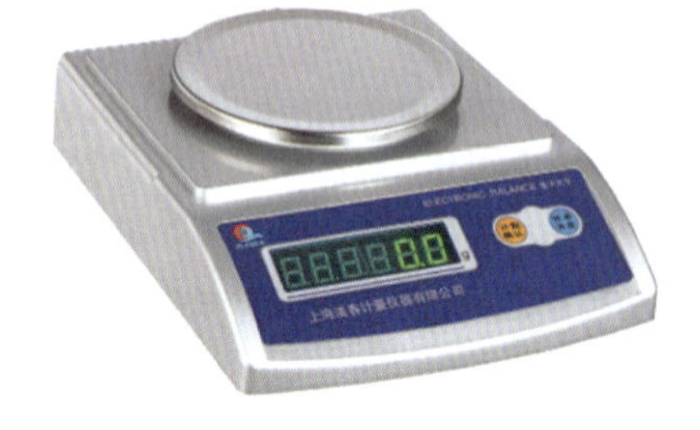
食品电子秤

（十五）散热架

散热架主要是摆放烘烤后的制品，便于透气冷却，或便于表面浇巧克力等物料。

（十六）操作台

大批量制作可采用不锈钢、大理石或拼木面的操作台，小批量生产如家庭可在面板或塑料板上进行。

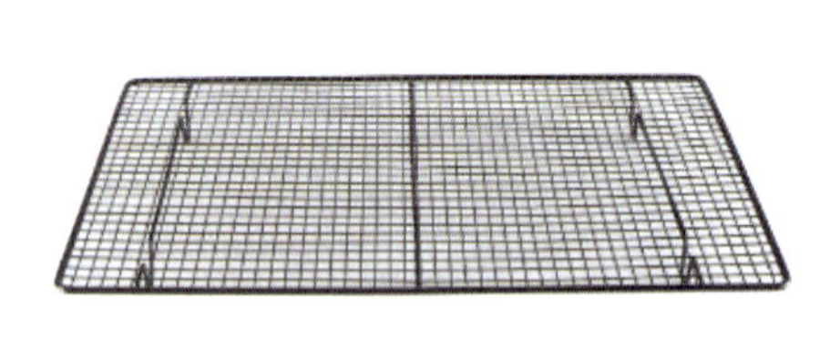
散热架

不锈钢操作台

任务三 面点常用原料

中式面点所用原料非常广泛，按照原料在面点制作中的用途，大体分为坯皮原料、制馅原料、调味与辅助料、食品添加剂四大类。

一、面点原料的选用原则

按照能发挥原料的最大效能、营养配比最合理，又节省成本的要求，选择面点原料必须掌握五个原则。

（一）遵循季节规律选取原料

自然生长的动植物性烹饪原料的品质具有很强的时令性。正当时令的原料口感好，风味佳，营养丰富，使用价值高。

（二）根据产地特点选取优质的原料

各地区烹饪原料品种质量差异较大，选用地方特产和地方名产作为原料，对于制作极富地方特色的面点具有非常重要的作用。

（三）选取原料的最佳部位

同一原料的不同部位，其组织构成差异很大，可造成成品质量差异。制作面点时要根据面点的不同要求选择原料的最佳部位。

（四）选取原料的最佳品种

同一类型的原料，由于品种的差异，同样可以造成成品质量上的差别。在使用时必须了解其性质和特点，从而保证面点品种的特色。

（五）选择恰当的方法对原料进行加工处理

很多面点制品原料，在使用前大都要经过加工和处理，由于加工和处理的方法不同，会造成原料质量上的变化。所以一定要选择恰当的方法对原料进行加工和处理。

二、正确选用面点原料的方法

（一）熟悉各种坯料的性质和用途

用于制作皮坯的原料因其所含淀粉和蛋白质种类、结构不同，其性质特点也各不相同，制作方法亦随着变化。如果不熟悉坯料的性质而使用不当，不但会严重影响成品质量，达不到制作标准，而且还会造成不必要的损失。

（二）熟悉调辅料的性质和使用方法

一般来说，调辅料都有独特的性质和用途。如调味料糖、盐，既可用于制馅，又可直接用于调制面团或其他坯料。辅料如油脂、酵母、化学膨松剂，主要用以改善面团性质，使制品形成酥松多孔、柔软的特点。

（三）熟悉原料的加工和处理方法

面点制品所用的原料，大部分在制作前尚需经过加工和处理，要根据面点的需要，加以选用。如面粉制品，有的适宜用高筋粉制作，有的适宜用低筋粉调制。由于加工方法不同，在使用上就有所差别，制作的品种也随之有所不同。所以不同面点的制品，就要求对原料采用不同的加工方法，否则会影响成品的质量。

（四）根据馅料的要求选择原料

面点制作讲究形、色、味，因此，对所有馅料也必须严格选择，否则会影响成品的规格与质量。在制作馅心时，无论甜、咸馅心所用原料，一般都要选择新鲜的、最适合的部位，才能符合要求。

三、主坯原料

（一）稻谷与稻米

1. 稻谷的构成

稻谷由稻壳和稻粒两部分组成。稻壳的主要成分是纤维素，不能被人体消化，加工时要去掉。去掉稻壳后的稻米是糙米，糙米由皮层、糊粉层、胚乳和胚芽四部分组成。

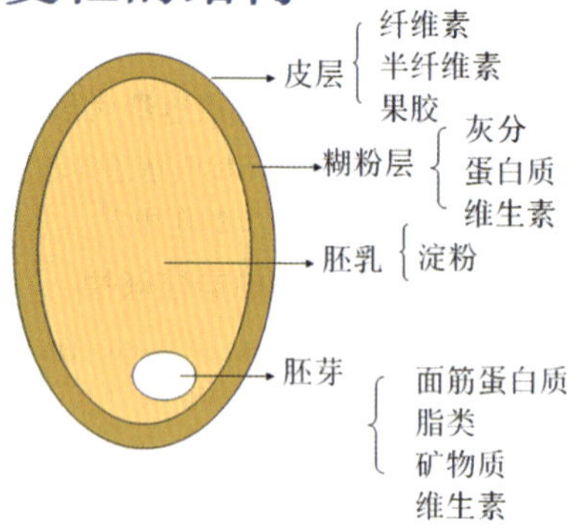

（1）皮层：皮层是糙米的最外层，主要由纤维素、半纤维素和果胶构成。

（2）糊粉层：糊粉层位于皮层之下，是胚乳的最外层组织。

（3）胚乳：糙米除去皮层、糊粉层、胚芽以外，其余部分为胚乳，占糙米总质量的91.6%，营养成分主要是淀粉。

（4）胚芽：胚芽位于米粒腹白的下部，含有较多的营养成分，还含有一些酶类。

2. 稻米的种类和特点

稻米按内含淀粉的性质分为籼米、粳米和糯米。

（1）籼米：籼米又称机米。我国大米以籼米产量最高，四川、湖南、广东等省产的大米都是籼米。籼米粒细长，色泽灰白无光，腹白大、半透明者居多。

籼米

（2）粳米：粳米主要产于我国东北、华北及华东等地，北京的“京西稻”、天津的“小站稻”、黑龙江的“五常稻”都是优良的粳米品种。粳米粒短圆，色泽蜡白有光，腹白小，透明或半透明。

（3）糯米：糯米又称江米，主要产于我国江苏南部、浙江等地。糯米粒长圆，色泽乳白不透明，硬度低，黏性大，胀性小。米粒宽厚阔扁，近似圆形的糯米黏性较大。

粳米

糯米

（二）小麦与面粉

1. 小麦的分类

小麦的种类较多，性质不一。按季节分可分为冬麦和春麦。冬麦含面筋较多，春麦含面筋较少。按质地可分为硬麦和软麦。

（1）硬麦：也称玻璃质小麦，其特点是乳胚坚硬，把麦切开后，内部呈半透明。硬麦含蛋白质较多，能磨高级面粉，适宜制作精细点心。

（2）软麦：也称黏质小麦，把麦粒切开后，出现粉状，性质松软，含淀粉量较多，其质地不如硬麦，适于制作发酵面点。

小麦按颜色分可分为白麦和红麦，其中以白麦的质量为佳。

2. 面粉的等级与特点

面粉按加工精度、色泽、含麸量的高低，可分为特制粉、标准粉和普通粉。按面筋含量的多少，可分为高筋粉、中筋粉和低筋粉。

（1）高筋粉：蛋白质含量为 12% ～ 15%，湿面筋含量在 35% 以上，主要用于面包、起酥点心的制作。

（2）中筋粉：蛋白质含量为 9% ～ 11%，湿面筋含量为 25% ～ 35%，主要用于饼类、面食类及一些对面粉要求不高的面点。

（3）低筋粉：蛋白质含量为 7% ～ 9%，湿面筋含量在 25% 以下，适宜制作蛋糕、酥松点心和饼干等。

面粉

3. 面粉的品质鉴定

面粉的品质主要从含水量、颜色、新鲜度和面筋的含量四方面鉴定。

（1）含水量：我国面粉标准规定，面粉的含水量为 13.5% ～ 14.5%。含水量正常的面粉，用手捏有爽滑的感觉；若捏而不散，则含水量超标，此种面粉易发霉、结块，不易保存。

（2）颜色：面粉的颜色与小麦的品种、加工精度、储存时间及储存条件有关。加工精度越高，颜色越白。若储存时间过长或储存条件比较潮湿，则面粉的颜色加深。颜色加深是面粉品质降低的表现。

（3）新鲜度：面粉的新鲜度是鉴定其品质的最基本标准。新鲜的面粉有正常的气味，色浅。凡是有腐败味、霉味，颜色灰黑的是陈旧的面粉，发霉、结块的面粉是变质的面粉，这些面粉不能食用。

（4）面筋的含量：面粉中的面筋是由麦胶蛋白和麦谷蛋白构成的，它是决定面粉品质的主要指标。一般面筋含量越高，面粉的品质越好。

四、制馅原料

（一）常用原料的初加工

1. 原料初加工的基本原则

（1）保证原料的清洁卫生。厨房购进的大部分原料都带有泥沙、杂污物、虫卵等，必须清洗干净才能使用。

（2）初加工要符合烹饪要求。初加工是为烹调服务的，因此在初加工中要根据不同的原料加以切配。

（3）保持原料的营养成分。在初加工时要注意尽量减少原料营养成分的流失，做到先洗后切。

（4）合理利用原料。初加工既要使原料干净可使用，符合烹调的要求，又要注意节约，合理利用原料。

2. 咸馅原料初加工

咸馅是最普通的一种馅心。咸馅的用料广泛，种类多样，常用的有菜馅、肉馅和菜肉混合三类。

各种蔬菜

（1）蔬菜的初加工。首先要按规格整理加工；其次要洗涤得当，确保卫生；最后是合理放置。整理加工蔬菜要去烂叶、去泥沙、去皮、去籽，合理洗涤。有些蔬菜需要经过焯水、过凉后才可切制使用，如油菜、菠菜等；有些蔬菜需要擦丝后才可焯水，如白萝卜、胡萝卜等；还有些蔬菜剁制后必须挤去水分，如大白菜、各种瓜类等。

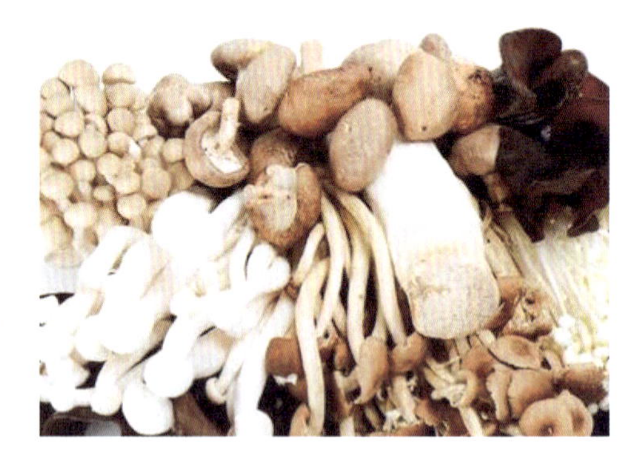
各种菌类

（2）食用菌类初加工。食用菌类一般经过凉水泡发后，要洗净泥沙杂质，有的必须剪去菌根后切碎使用，如冬菇的涨发初加工。冬菇又称香菇，带有花纹的称“花菇”，质量最佳，肉厚片大的称“厚菇”，质量较次。

（3）禽畜、水产类的初加工。肉类一般选用有一定脂肪含量的部位，肌肉中的纤维要细而软，制馅时，按点心成品的要求不同，切成小丁或剁成末。水产品中的大虾需去壳，挑去虾线，一般切成虾丁或用刀背砸成泥蓉。鱼类一般选用鱼刺较少的鱼，需去皮、去骨，切成鱼丁或用刀背砸成泥蓉。海参需洗去肠子，洗净泥沙，切成小丁使用。

3. 其他馅料

各种豆制品

（1）豆制品：主要指以黄豆或其他豆类为原料制成的各种制品，有豆腐干、豆腐皮等。豆制品大多作为素馅中的主要原料。

（2）干果、蜜饯。干果和蜜饯是甜馅的主要原料。干果是鲜果的实、核、仁和植物种子的加工制品，主要有桃仁、芝麻、橄榄仁、花生仁、杏仁、瓜子仁、红枣、腰果、莲子、葡萄干、椰丝等。

蜜饯是鲜果去皮核后，切成片或块，经糖

液泡制后烘干而成的制品，主要有蜜枣、橘饼、青梅、糖冬瓜等。

五、常用辅助原料

（一）膨松剂

1. 生物膨松剂

（1）压榨鲜酵母：压榨鲜酵母是将酵母菌培养成酵母液，再用离心机将其浓缩，最后压榨而成。压榨鲜酵母呈块状，淡黄色，含水量为75%，有一种特殊香味。

（2）活性干酵母：活性干酵母是将压榨鲜酵母经过低温干燥法，脱去水分而制成的粒状干酵母。其色淡黄，含水量10%左右，具有清香气味和鲜美滋味，便于携带，便于保藏。

活性干酵母

2. 化学膨松剂

（1）小苏打：学名碳酸氢钠（$NaHCO_3$），俗称食粉，在潮湿或热空气中缓慢分解，放出二氧化碳。

（2）臭粉：学名碳酸氢铵（NH_4HCO_3），俗称臭起子，也称阿摩尼亚粉，遇热分解，产生二氧化碳和氨气。

（3）发酵粉：发酵粉又称泡打粉、发粉，它是由一定量的酸性物质和一定量的碱性物质以及一定量的填充物配制而成的复合膨松剂，遇冷水产生二氧化碳。

（4）矾碱盐：矾碱盐是面点师根据点心品种的需要，用明矾、食用碱和食盐自行配制的一种膨松剂。明矾的学名硫酸钾铝 [$AlK(SO_4)_2$]，碱的学名碳酸钠（Na_2CO_3），盐的学名氯化钠（NaCl）。矾碱盐是做油条传统的主要添加剂。

小苏打

（二）油脂

面点工艺中，常用的油脂可分为动物性油脂、植物性油脂和加工性油脂三类。动物性油脂主要是指荤油，常温状态下一般呈固态。植物性油脂主要是指素油，常温下一般呈液态。加工性油脂主要是指混合油，常温状态下有固态和液态两种。油脂既是馅心的调味原料，同时也是调制面团的重要辅助原料，除调制油酥面团外，在成型操作和熟制的过程中也经常使用油脂。

1. 动物性油脂

（1）猪油：猪油是从猪的脂肪组织板油、肠油或皮下脂肪层肥膘中提炼出来的。优良的猪油在液体时透明清澈，在固态时呈白色的软膏状，有光泽无杂质，有良好的滋味，含脂肪量99%，在面点工艺中用途较广。

（2）黄油：黄油是从牛乳中分离加工制成的，色淡黄，具有特殊的奶油香味，含脂肪量85%。

黄油的乳化性、起酥性、可塑性均较好，制成的食品比较柔软，有弹性，光滑细洁，常用于制作高级宴会点心。

2. 植物性油脂

植物油脂的种类较多，主要有花生油、豆油、芝麻油、椰子油、橄榄油等。一般常温下，植物性油脂均呈液体状态，且带有植物本身的特有气味，故使用时须先将油熬熟，以减少其不良气味和水分。在各种植物油中，以花生油及芝麻油质量最佳，使用较多。植物油常用于制馅和熟制加热，很少作为辅料加入主坯。

3. 加工性油脂

近年来，新型油脂发展较快，为面点工艺增添了新的原料。

（1）人造奶油：人造奶油又称麦淇淋，人造奶油是从椰子油、棕榈仁油中提炼后加入香精再加入氢，经过特殊处理后的呈固态的植物油脂。色淡黄，无杂质，略带咸味，具有正常的奶香味，可直接食用。人造奶油含有一定量的水分，故加工性能和可塑性相对较差，一般经搅打后再制作成品。

人造奶油

（2）起酥油：起酥油是各种动植物油经特殊加工的含有一定气味的油脂。这种油经过加氢处理、精炼、脱色、脱臭后，色白略带黄，无臭，无异味，其可塑性、黏稠度、乳化性和起酥性均较理想，特别是具有高度的稳定性，不易氧化腐败，是制作酥点的极好原料，但是起酥油不宜直接食用。

起酥油

（3）鲜奶油：鲜奶油是用鲜牛奶中的油脂经加工精制而成的，色洁白、味清香，稠厚、细腻，但含水量较高，稳定性较差，不易保藏。

（三）鸡蛋

鸡蛋既可以作主料，又可作辅料和配料。优质新鲜蛋表面清洁，没有裂纹、发臭、发黑等现象。鸡蛋的结构分为蛋壳、蛋白和蛋黄。

（1）蛋壳：占全蛋重量的 10%。

（2）蛋白：占全蛋重量的 60%。

（3）蛋黄：占全蛋重量的 30%。

（4）去壳净蛋的重量为 50 ～ 55 克，其中蛋白占 66.5%，蛋黄占 33.5%。

（5）蛋清中的水分占 87%，蛋白占 10%，其余为少量的脂肪、维生素、矿物质。

（6）蛋黄中的水分占 50%，脂肪占 30%，蛋白质占 16%，其余为少量的矿物质。

鸡蛋

（四）糖

糖除了具有甜味剂的功用外，同时还能阻碍面筋的吸水和生成，故能调节面筋的胀润度，提高糕点的酥性，其吸湿性能使糕点保持柔软，渗透压能抑制微生物的生成。焦糖化反应和美德拉褐变反应能为制品上色增香。在蛋糕制作中，糖能增加蛋液的黏度和气泡的稳定性。

1. 白砂糖

白砂糖形态可分为细粒、中粒和粗粒三种。细粒糖(绵糖)因其容易溶解，协助制品膨胀效果好，多数糕点制作均采用，故用量也较大。中粒糖性能略差于细粒糖，但含水量又低于细粒糖，适合制作海绵蛋糕。粗粒糖不易溶化，含水量最少，甜度较高，适合熬浆、制品的表面装饰和加工糖粉。

2. 糖粉

糖粉是结晶糖碾成的粉末，主要用于表面装饰，还可用于制作塔皮、饼干、奶油膏、糖皮，可增加其光滑度。

3. 赤（红）砂糖

赤(红)砂糖是未经脱色精制的蔗糖，用于某些要求褐色的制品，如农夫蛋糕、苏格兰水果蛋糕，或中点月饼馅、点心馅等。

4. 葡萄糖

葡萄糖又称淀粉糖，是由淀粉经酶水解制而成，主要含葡萄糖、麦芽糖和糊精，加入糖制品中能防止结晶返砂。

5. 蜂蜜

蜂蜜含有较多的葡萄糖和果糖，带有天然的植物花香，营养丰富，吸湿性强，能保持制品的柔软性。

（五）乳品

面点常用的乳品主要是牛奶。牛奶不仅是常用辅料，还用来制作馅料和作为装饰料，也是制作奶粉、鲜奶油、奶油、酸奶、奶酪等乳制品的原料。

1. 牛奶的化学成分

牛奶含水量占 87%，其他成分为蛋白质、乳脂、乳糖、维生素和矿物质。牛奶中的蛋白质是完全蛋白质，营养价值高，其中主要的是酪蛋白，占蛋白质的 80%，以胶体颗粒悬浮于乳清中。乳清中所溶解的是乳清蛋白质，乳脂以脂肪球状态分散在乳清中，故牛奶是一种水包油的乳状液。

2. 牛奶在面点中的作用

牛奶含水量高，是糕点常用的润湿剂，可提高制品的营养价值，赋予其奶香味。乳糖在烘焙中与蛋白质发生美德拉褐变反应，使制品上色快；酪蛋白和乳清蛋白是良好的乳化剂，能帮助水油分散，使制品的组织均匀细腻。

3. 常用乳品

（1）鲜牛奶：在制作中低档蛋糕时，蛋量减少往往用鲜牛奶补充。鲜牛奶有全脂、半脂、脱脂三种类型，脱脂加工分离出的乳脂可用来加工新鲜奶油和固态奶油。

（2）奶粉：奶粉是由鲜牛奶浓缩干燥而成的，使用方便。如配方为鲜牛奶，可用奶粉按 10% ～ 15% 的浓度加水调制。

（3）炼乳：炼乳是牛奶浓缩的制品，分甜、淡两种。甜炼乳保存时间长，能较好地保持鲜奶的香味，可代替鲜奶使用，用来制作奶膏效果更佳。

（4）乳酪（奶酪）：乳酪是牛奶中的酪蛋白经凝乳酶的作用凝集，再经过适当加工、发酵制成，其营养丰富、风味独特，可制作乳酪蛋糕和馅料。

炼乳

（六）盐

盐是人类生存最重要的物质之一，也是面点中最常用的调味料。盐的主要化学成分为氯化钠（化学式 NaCl）。氯化钠在食盐中的含量为 99%（属于混合物）。添加了碘的食盐叫作碘盐。盐的作用主要如下。

（1）调味，用于制馅。

（2）增强面团的筋力，“碱是骨头盐是筋”。盐能促进面筋吸水，增强弹性与强度，使其质地紧密，使面团延伸、膨胀时不易断裂。

（3）改善色泽。面团加入盐后，组织会变得更细密，光线照射制品时暗影小，显得颜色白而有光泽。

（4）调节发酵速度。盐能提高面团的保气能力，从而促进酵母生长，加快发酵速度。如果盐的用量多，盐的渗透力就会加强，又会抑制酵母生长，使发酵速度变慢。

盐

（七）面团改良剂

面团改良剂又称面包改良剂，主要用于面包面团的调制，以增强面团的搅拌耐力，加快面团成熟，改善制品的组织结构。面团改良剂包含氧化剂（氧化钠用于面包类）、还原剂（焦亚硫酸钠用于月饼类，起减弱面筋作用）、乳化剂（利于水油乳化）和酶、无机盐等成分。

（八）色素

色素分天然和人工合成两大类。

人工合成色素较天然色素稳定，着色力强，调色容易，价格低。西点用量较多的人工合成色素是胭脂红和柠檬黄。然而人工合成色素大多对人体有害，我国卫生部规定，目前只准使用胭脂红、柠檬黄、亮蓝、靛蓝四种人工合成色素，且使用量不许超过原料总量的万分之一，故提倡使用天然色素。

项目二
水调面团模块

基础理论

一、面团概述

面团是指用粮食的粉料或其他原料，加入水或油、蛋、乳、糖浆等液态原料和配料，经过调整而形成的用来制作半成品或成品的坯料的总称。面团具有便于面点成型、适合面点制品特点的需要、发挥原料特性、保证成品质量等特点。

二、水调面团工艺

（一）水调面团的成团原理

1. 冷水面团的成团原理（特殊的冷水面团如稀糊面团除外）

面粉在冷水（30℃以下）作用下，淀粉不能够膨胀糊化，蛋白质吸水胀润形成致密的面筋网络，把其他物质紧紧包住形成面团。

2. 热水面团的成团原理

面粉在热水（90℃以上）作用下，既使蛋白质发生热变性，又使淀粉膨胀糊化产生黏性，大量吸水并与水融合形成面团。

3. 温水面团的成团原理

面粉在温水（50℃～60℃）的作用下，部分淀粉发生了膨胀糊化，蛋白质开始发生热变性，并形成部分面筋网络。温水面团的成团过程中，蛋白质、淀粉都在起作用。

淀粉、蛋白质的性质如表 2-1、表 2-2 所示。

表 2-1　淀粉的性质

温度	变化
常温下	基本上不变化，吸水量低
30℃	可结合 150% 的水分，仍然保持硬粒状态
50℃	吸水膨胀率仍然很低，黏度变化不大
53℃	淀粉颗粒已经出现了溶于水的膨胀糊化现象
60℃	淀粉颗粒要比常温下涨大好几倍，完全进入了糊化阶段，吸水量、黏度增强，并有一部分淀粉颗粒溶于水中。
67.5℃	淀粉颗粒大量溶于水中成为黏度很高的溶胶
90℃以上	黏度越来越大

表 2-2　蛋白质的性质

温度	变化
常温下	蛋白质不会发生热变性，具有溶胀作用，但吸水率较高
30℃	吸水率非常高，能结合 150% 水分，经不断揉搓能形成面筋
60℃ ~70℃	蛋白质开始发生热变性，筋力下降，弹性和延伸性减退，吸水率降低，黏性稍有增加
90℃以上	蛋白质的热变性作用在加强，温度越高热变性越强，同时筋力和亲水性衰退

蛋白质、淀粉的物理性质及变化过程如表 2-3 所示。

表 2-3　蛋白质、淀粉的物理性质及变化过程

化学成分	物理性质	变化过程		
		30℃	60℃	90℃以上
淀粉	黏性	无	小	大
蛋白质	弹性、韧性	大	小	无
面坯种类		冷水面团	温水面团	热水面团

结论：

在冷水面团中，主要是蛋白质的性质起作用。
在温水面团中，主要是淀粉和蛋白质同时起作用，但作用都较小。
在热水面团中，主要是淀粉的性质起作用。

（二）水调面团的调制方法及要点

1. 冷水面团的调制方法及要点

（1）冷水面团的调制方法：将面粉倒在案板上，在中间扒一窝，加入一定量的冷水，先将中间面粉略调，再从四周慢慢向里搅拌，呈“面穗”状后，再加冷水揉成面团，揉至面团光滑有筋性为止。盖上洁净的湿布醒面。

（2）冷水面团调制要点：加水量要恰当。要根据制品要求、温度和湿度、面粉的含水量等灵活掌握。在保证成品软硬需要的前提下，根据各种因素加以调整。水温要适当，必须用低于 30℃的水调制，才能保证面团的特点。醒面时必须加盖湿布，以免风吹后发生面团表皮干燥或结皮现象。

2. 热水面团的调制方法

（1）热水面团的调制方法。

把面粉倒在案板上，中间开窝，加入少许油脂，把一部分热水倒在窝中，然后边浇水边拌和。搅拌均匀后，摊开晾凉，最后洒上少许冷水，揉制成面团。盖上湿布稍醒一会儿。

（2）热水面团的调制要点。

①水要浇匀。使淀粉糊化产生黏性；使蛋白质变性，防止生成面筋。

②散尽热气。加水搅匀后要散尽热气，否则淤在面团中，制成的制品不但容易结皮，而且表面粗糙、开裂。

③加水要准确。

3. 温水面团的调制方法和调制要点

（1）温水面团的调制方法。把面粉倒在案板上，中间开窝。可直接用温水与面粉调制成温水面团。

（2）温水面团的调制要点。揉面要适量，揉匀揉光即可，盖上湿布醒面。

（三）水调面团及其制品的特点

1. 冷水面团及其制品的特点

色白，筋力足，韧性强，延伸性好、拉力大；爽口，筋道，不易破碎。适合制作水饺、手擀面等。

2. 温水面团及其制品的特点

色较白，筋力较强，柔软，有一定韧性，可塑性较强；较柔糯，成熟过程中不易走样。适合烙制各种饼类。

3. 热水面团及其制品的特点

色暗，无劲，可塑性好，韧性差；吃口细腻、柔糯，易于人体消化吸收。适合制作蒸饺、烧麦、春饼等。

任务一 蒸饺

一、产品介绍

蒸饺是水调面团类热水面团的典型代表品种，具有薄皮馅大、咸香适口的特点，深受人们的喜爱。

二、实训目的

使学生了解热水面团的特性及形成原理，掌握制作蒸饺的工艺流程；学生通过理论学习能够对蒸饺进行制作；培养学生热爱专业、养成良好的职业道德习惯和勤学苦练的优良学风。

三、产品配方

（1）主料：面粉 500 克、开水 350 克、猪肉馅 300 克、韭菜 300 克、鸡蛋 2 个、虾仁 100 克。

（2）调料：盐、味精、鸡粉、酱油、花椒面、香油、色拉油。

四、主要设备和器具

和面机、电子秤、量杯、刮板、擀面棍、油刷等。

五、制作过程

（1）烫面：将面粉放在案子上，浇上开水，边浇边搅，和成烫面团，摊开晾凉，醒 15 分钟。

（2）制馅：将猪肉馅放入盆内，加入姜末、花椒面、盐、味精、酱油搅匀，搅入适量清水，搅拌至黏稠上劲（顺着一个方向搅动）。韭菜择洗干净，切末；鸡蛋炒碎，虾仁切段，加色拉油、香油拌匀。

（3）制剂、擀皮：将面团搓成直径 2 厘米的长条，揪成大小一致的 75~80 个剂子。将剂子按扁，擀成直径 6 厘米的圆形皮子。

（4）包馅：左手托皮，右手用馅匙拨入 10 克左右的馅心，双手拇指和食指同时捏拢包成半月形生坯。

（5）熟制：将蒸箱烧开，上汽时将生坯放入屉内蒸 8 分钟即可。

六、评价标准

皮薄馅大，馅心松嫩，口味鲜美，汁多不腻。

蒸饺

七、技术要领

（1）面团烫透揉匀，晾凉。

（2）皮子薄厚均匀，要包严，不露馅心。

（3）蒸时不可过火。

八、拓展任务

通过变化馅心来改变口味。

九、营养特点

蒸饺的馅料选材广泛，品种多样，可以让人们吃到营养素更加齐全，而且可以起到食物的互补作用。单独吃一种食物有时吸收利用率不高，但多种食物搭配一起吃，更容易吸收。

任务二 家常糖饼

一、产品介绍

家常糖饼是温水面团的典型代表品种，具有色泽金黄、口感香甜的特点，深受人们的喜欢。

二、实训目的

使学生了解温水面团的特性及形成原理，掌握制作家常糖饼的工艺流程；学生通过理论学习能够对家常糖饼进行制作；培养学生热爱专业、养成良好的职业道德习惯和勤学苦练的优良学风。

三、产品配方

（1）皮料：面粉 500 克、温水 300 克。

（2）馅料：花生油或色拉油 100 克、白糖 250 克、熟面 150 克、熟芝麻 50 克。

四、主要设备和器具

和面机、电饼铛、电子秤、量杯、刮板、擀面棍、油刷等。

五、制作过程

（1）和面、揉面：将 500 克面粉加入 300 克温水和匀制成面团。

（2）醒面：醒 15 分钟。

（3）调酥：将面粉 50 克加入色拉油调成软酥。

（4）调馅：将白糖、熟面、熟芝麻、色拉油、水调成糖馅，软硬程度为能攥住团即可。

（5）成型：将面团制成剂子，每个 50 克，擀成 5 毫米厚的长方形片，上面抹一层软酥，从上至下卷成筒状；每个剂子对折，擀成边薄中间厚的皮子，包入糖馅后，擀成 7 毫米厚的圆饼坯。

（6）熟制：电饼铛烧热，擦少量油，将饼坯上铛，两面烙成金黄色即可。

六、评价标准

色泽金黄，外酥里香。

家常糖饼

七、技术要点

（1）面团软硬适度。

（2）擀制皮子时双手用力要均匀。

（3）包馅要适量。

（4）成熟时火候适当，饼坯翻转适当。

八、拓展任务

馅心可以换成豆沙，可以做成豆沙饼。

九、营养特点

糖饼香甜可口，但属于高油、高糖、高热量的食品，不适于高血糖和糖尿病人食用，想减肥的人应尽量少食，每餐最好不要超过一张糖饼。

任务三 葱油饼

一、产品介绍

葱油饼是温水面团代表品种，具有葱香味浓郁、外焦里嫩的特点。

二、实训目的

使学生了解温水面团的特性及形成原理，掌握制作葱油饼的工艺流程；学生通过理论学习能够对葱油饼进行制作；培养学生热爱专业、养成良好的职业道德习惯和勤学苦练的优良学风。

三、原料配方

面粉 500 克、清水 300 克、盐 5 克、香葱末 300 克、色拉油适量。

四、主要设备和器具

和面机、电饼铛、电子秤、量杯、刮板、擀面棍、油刷等。

五、制作过程

（1）和面、揉面：将 500 克面粉加入 300 克清水和匀制成面团。

（2）醒面：醒 20 分钟。

（3）调馅：将香葱末加入盐、色拉油调成馅心。

（4）成型：面团搓成长条，揪成 10 个剂子，将剂子擀成长方形片，上面抹一层香葱馅，顺势拉长，从上至下卷起呈筒状，卷后摞在一起制成圆饼形生坯。

（5）熟制：电饼铛烧热，擦少量油，将生坯上铛，用手按成厚 7 毫米的圆饼，两面烙成金黄色即可。

六、评价标准

色泽金黄，葱香浓郁。

七、技术要领

（1）面团调制软硬适度。

（2）擀制时双手用力要均匀。

（3）铺馅不宜太多。

（4）成熟时火候适当，饼坯翻转适当。

八、拓展任务

通过调整形状、调节口味来进行变换。

葱油饼

九、营养特点

葱油饼适用人群广泛。葱中含有烯丙基硫醚，烯丙基硫醚能刺激胃液的分泌，有助于增进食欲。葱中含有微量元素硒，硒可降低胃液内的亚硝酸盐含量，对预防胃癌及多种癌症有一定作用。

任务四 香酥饼

一、产品介绍

香酥饼是温水面点代表品种，为面食佳品，面香浓郁，色泽金黄，口味独特，南方北方家庭均可制作。

二、实训目的

使学生了解温水面团的特性及形成原理，掌握制作香酥饼的工艺流程；学生通过理论学习能够对香酥饼进行制作；培养学生热爱专业、养成良好的职业道德习惯和勤学苦练的优良学风。

三、原料配方

面粉 550 克、温水 300 克、花生油或色拉油 100 克、盐 5 克、葱 10 克、姜片 5 克、花椒 2.5 克、大料 2.5 克、花椒面 2.5 克。

四、主要设备和器具

和面机、电饼铛、电子秤、量杯、刮板、擀面棍、油刷等。

五、制作过程

（1）和面、揉面：将 500 克面粉加入温水 300 克和匀揉透，制成面团。

（2）醒面：醒 20 分钟。

（3）制软酥：将油放入炒锅中，放入大料、花椒、葱、姜上火加热，待葱炸成焦黄色后，将花椒、大料、葱、姜捞出。炒锅离火，加入 50 克面粉、精盐调匀制成软酥待用。

（4）成型：将面团搓成长条，揪成每个重 150 克的剂子，擀成长方形片，上面抹一层软酥，顺势拉长，从一头向另一头叠起成正方形，两头分别擀长，包严，双手拇指、食指对捏呈菱形，稍醒，擀成 0.5 厘米或 0.7 厘米厚的圆形饼坯。

（5）熟制：电饼铛烧热，擦少量油，将饼坯上铛，两面烙成金黄色，饼身鼓起即可。

六、评价标准

外酥里软，层多，色泽金黄，酥香味美。

香酥饼

七、技术要领

（1）饼坯叠好后要包严，擀制时双手用力要均匀。

（2）烙时饼才能鼓起，不跑气易成熟。

八、拓展任务

将熏肉夹入里面，改变口味。

九、营养特点

香酥饼适合所有人群食用，但脂肪含量较高，建议每餐食用量不要超过 300 克（即两份的量）。

任务五 奥尔良肉饼

一、产品介绍

奥尔良肉饼采用奥尔良独特的腌料将鸡肉进行腌制，具有味道香醇、色泽金黄的特点。

二、实训目的

使学生了解温水面团的特性及形成原理，掌握制作奥尔良肉饼的工艺流程；学生通过理论学习能够对奥尔良肉饼进行制作；培养学生热爱专业、养成良好的职业道德习惯和勤学苦练的优良学风。

三、原料配方

（1）主料：面粉 200 克、鸡肉馅 200 克、温水 110 克。

（2）辅料：腌料比例——奥尔良腌肉粉、鸡肉、水 =7∶100∶7。

四、主要设备和器具

和面机、电饼铛、电子秤、量杯、刮板、擀面棍、油刷等。

五、制作过程

（1）和面、醒面：将面粉中加入盐，然后加入温水搅匀，揉成面团，醒 20 分钟。

（2）调馅：馅内加腌肉粉和清水的混合物，顺一个方向搅打成黏稠状。

（3）成型：将面团下剂，每个 50 克，刷上油搓长条形即可，醒 10 分钟；然后将案板刷油，将剂子擀成薄片，长 20 厘米，宽 7 厘米，抹上油酥，将肉馅放在一头，采用交叉的手法卷起。

（4）烙制：将生坯醒 10 分钟，烙制金黄色即可。

奥尔良肉饼

六、评价标准

外酥里嫩，油而不腻，鲜香适口。

七、技术要领

（1）肉馅要包住。

（2）稍醒后再烙。

八、拓展任务

鸡肉可以换成猪肉、牛肉。

九、营养特点

奥尔良肉饼中含有较多的鸡肉。鸡肉中蛋白质含量高，且为优质蛋白，含有各种人体必需氨基酸，可补充面粉中赖氨酸的不足。鸡肉脂肪含量低，且脂肪中含有较多的不饱和脂肪酸，能够降低低密度脂蛋白胆固醇。鸡肉也是磷、铁、铜与锌的良好来源，并且富含维生素 B12、维生素 B6、维生素 A、维生素 D、维生素 K 等。

任务六 千层肉饼

一、产品介绍

千层肉饼也叫夹肉饼，将肉馅夹入面坯中，具有层次清晰、咸香适口的特点。

二、实训目的

使学生了解温水面团的特性及形成原理，掌握制作千层肉饼的工艺流程；学生通过理论学习能够对千层肉饼进行制作；培养学生热爱专业、养成良好的职业道德习惯和勤学苦练的优良学风。

三、原料配方

（1）主料：面粉、猪肉馅。

（2）配料：香菜、小葱。

（3）调料：盐、味精、鸡粉、花椒面、酱油、香油色拉油。

四、主要设备和器具

和面机、电饼铛、电子秤、量杯、刮板、擀面棍、油刷等。

五、制作过程

（1）面团调制：温水和面，水温 40℃ ~50℃，放少许盐；反复揉搓，使面团表面光滑，盖上湿布，醒 20 分钟。

（2）调馅：将肉馅放入盆内，加入调料，顺一个方向搅拌，分次加水，打成黏稠状，将切成末的香菜和小葱放在上面，加入色拉油和香油，拌匀即可。

（3）成型：将醒好的面揪成每个重 200 克的剂子，擀成厚度 2 毫米长方形大片，均匀地抹上肉馅，留 1/4 不抹肉馅，然后从右向左折叠，将没抹肉馅的部分盖在上面，两边捏严。

（4）熟制：将电饼档事先预热至 180℃，倒少许色拉油，将生坯放入，烙金黄色即可。

六、技术要领

（1）面要揉匀、揉光。

（2）和馅时要顺一个方向搅拌。

（3）抹肉馅时一定要留 1/4 不抹。

（4）烙时温度要低。

七、评价标准

色泽金黄，形态美观，层次清晰，鲜香适口。

八、拓展任务

将馅心可以调换成牛肉或者其他青菜类。

九、营养特点

千层肉饼中含有肉类和蔬菜，营养比较全面，适合各类人群食用。

千层肉饼

任务七 芝麻肉饼

一、产品介绍

芝麻肉饼是温水面团品种，具有浓郁的芝麻香味和色泽金黄、鲜香适口的特点。

二、实训目的

使学生了解温水面团的特性及形成原理，掌握制作芝麻肉饼的工艺流程；学生通过理论芝麻肉饼能够对芝麻肉饼进行制作；培养学生热爱专业、养成良好的职业道德习惯和勤学苦练的优良学风。

三、原料配方

（1）主料：面粉 200 克、温水 110 克、猪肉馅 150 克。

（2）辅料：大葱、芝麻。

四、主要设备和器具

和面机、电饼铛、电子秤、量杯、刮板、擀面棍、油刷等。

五、制作过程

（1）和面、醒面：温水面团和好后醒 15 分钟。

（2）调馅：将猪肉馅加入姜末、调料、大葱调制成馅心。

（3）成型：将面团擀成大片，抹上油酥，从上向下卷起，下剂（每个 50 克），擀成圆片，包入馅心，表面沾上芝麻。

（4）熟制：电饼档预热至 180℃，烙成金黄色即可。

六、评价标准

色泽金黄，咸香适口。

七、技术要领

（1）面要揉匀、醒透。

（2）油酥不要调制太稀。

八、拓展任务

将猪肉馅进行调换，如牛肉等。

九、营养特点

芝麻肉饼中添加了肉类，瘦肉中的蛋白是优质蛋白，能够弥补面粉蛋白质中赖氨酸的不足。在食用时最好再配以蔬菜，这样营养会更全面些。

芝麻肉饼

任务八 抻面

一、产品介绍

抻面又称拉面、大拉面，是一种独特的汉族面食，其滑爽筋道，鲜香清口，独具风味。抻面是面条的一个品种，又是面点制作的传统技术之一。

因山东福山抻面驰名，故有抻面起源于福山一说。史料记载的兰州牛肉拉面始于清朝嘉庆年间，系东乡族马六七从河南省怀庆府清化人陈维精处学成带入兰州的，经后人陈和声、马宝仔等人以“一清（汤）、二白（萝卜）、三红（辣子）、四绿（香菜、蒜苗）、五黄（面条黄亮）”奠定了兰州牛肉面的标准。1999 年，兰州牛肉面被国家确定为中式三大快餐试点推广品种之一，被誉为“中华第一面”。

二、实训目的

使学生了解冷水面团的特性及形成原理，掌握制作抻面的工艺流程；学生通过理论学习能够对抻面进行制作；培养学生热爱专业、养成良好的职业道德习惯和勤学苦练的优良学风。

三、原料配方

面粉 500 克、清水 300 ～ 350 克、盐 8 克。

四、主要设备和器具

电子秤、量杯、刮板、擀面棍、油刷等。

五、制作过程

（1）和面：和成比饼面稍软的冷水面团。

（2）揉面：揉成光滑的面团。

（3）醒面：醒 30 分钟。

（4）溜条：面团置于案子上，搓成长条，双手拿住长条的两头，双臂上下抖动，使面中段上起下落，面随之拉长；当面的中段从空中下落时，双手做交叉动作使面条两端搭为一体，拧成麻花状；随之将面的两头用一手握住，另一手抓住面条的中间，继续上下抖动，如此反复，直至面坯筋顺、条均匀为止。

（5）出条：面粉过筛，均匀地铺在案子上，将溜好的面放在案子上，左手握住面条的两头，右手手指套在面条的另一端，抖动双手将面抻长；将中段往外送，双手回来，两头的面合为一手握住，右手再次从下面抓住面的中段（此时面由两根抻为四根）。如此反复，直至抻成粗细均匀的面条。

（6）熟制：下入沸水锅内煮熟即可。

六、评价标准

粗细均匀一致。

七、技术要领

（1）面团软硬适度，醒到时候。

（2）溜条要溜均匀。

（3）出条时要顺均匀，粗细一致。

八、拓展任务

将蔬菜汁加入面团中，可增加营养成分。

抻面

九、营养特点

面条的营养成分比较单一，在食用时要辅以肉类、蔬菜等菜肴或浇头，使其营养更全面。

任务九 金丝饼

一、产品介绍

金丝饼又叫一窝丝，是甘肃省汉族传统面点，具有色淡黄、味甘甜、质酥脆的特色。甘肃省的面食特别是兰州拉面闻名海内外，甘肃省也是中国优质胡麻油的产地。结合特殊的拉面技术和胡麻油制作的金丝饼因其色相金黄、口感俱佳广受欢迎。刚出炉的金丝饼皮儿酥脆，内散软，晾干或经微波炉烘干之后通体松脆。

二、实训目的

使学生了解冷水面团的特性及形成原理，掌握制作金丝饼的工艺流程；学生通过理论学习能够对金丝饼进行制作；培养学生热爱专业、养成良好的职业道德习惯和勤学苦练的优良学风。

三、原料配方

面粉 500 克、清水 300 ～ 350 克、盐 8 克。

四、主要设备和器具

和面机、电饼铛、电子秤、量杯、刮板、擀面棍、油刷等。

五、制作过程

（1）和面：和成比一般饼面稍软的冷水面团。

（2）揉面：揉成光滑的面团。

（3）醒面：醒 30 分钟。

（4）溜条：面团置于案子上，搓成长条，双手拿住长条的两头，双臂上下抖动，使面中段上起下落，面随之拉长；当面的中段从空中下落时，双手做交叉动作使面条两端搭为一体，拧成麻花状；随之将面的两头用一手握住，另一手抓住面条的中间，继续上下抖动。如此反复，直至面坯筋顺、条均匀为止。

（5）出条：面粉过箩，均匀地铺在案子上，将溜好的面放在案子上，左手握住面条的两头，右手手指套在面条的另一端，抖动双手将面抻长；将中段往外送，双手回来，两头的面合为一手握住，右手再次从下面抓住面的中段（此时面由两根抻为四根）。如此反复，直至抻成粗细均匀的面条。

（6）成型：将出好的面条分成若干个小段，两头掐紧，放入豆油中保条，反复抻两次，盘成螺旋状即可。

（7）烙制：饼铛预热至 200℃，烙制成金黄色即可。

六、评价标准

色泽金黄，粗细均匀，外脆里软

金丝饼

七、技术要领

（1）面团软硬适度，醒到时候。

（2）溜条要溜均匀。

（3）出条时要粗细一致。

八、拓展任务

可以蒸制，做成银丝卷。

九、营养特点

金丝卷酥松适口，但营养成分比较单一，在食用时要辅以肉类、蔬菜等菜肴，使营养更均衡。

任务十 家常手擀面

一、产品介绍

面条的制作方法多种多样，有擀、抻、切、削、揪、压、搓、拨、捻、剔、拉等。手工擀出的面条称手擀面。

二、实训目的

使学生了解冷水面团的特性及形成原理，掌握制作手擀面的工艺流程；学生通过理论学习能够对手擀面进行制作；培养学生热爱专业、养成良好的职业道德习惯和勤学苦练的优良学风。

三、原料配方

面粉250克、水80克、鸡蛋1个，甜面酱适量，青菜、肉末、葱姜适量，黄瓜适量。

四、主要设备和器具

和面机、电煮锅、电子秤、量杯、刮板、擀面棍、油刷等。

五、制作过程

（1）和面：和成软硬合适的面团（面要稍硬一些）。

（2）成型：将面团擀成厚2毫米的薄片，再切成宽5毫米的长条待用。

（3）熟制：

①炸酱面：将切好的面条倒入沸水中，煮熟，盛入碗中，放入黄瓜丝、肉酱即可。

②热汤面：热锅内放入油，葱姜蒜炝锅，放肉丝煸炒，加入老汤（清水）烧开，将面条放入，最后放入小白菜即可。

六、评价标准

（1）炸酱面：面条爽滑筋道，口味酱香淳浓。

（2）热汤面：汤汁鲜美，爽滑筋道。

七、技术要领

（1）面要稍硬一些。

（2）切条时粗细均匀。

八、拓展任务

可将面团里面加入蔬菜汁，做成花色面条。

手擀面

九、营养特点

面条具有易于消化、养胃的特点，面条配以各种辅料作浇头营养更均衡。

任务十一 馄饨

一、产品介绍

馄饨，又称云吞，是中国民间传统面食之一，源于中国北方，用薄面皮包馅儿，通常为煮熟后带汤食用。

二、实训目的

使学生了解冷水面团的特性及形成原理，掌握制作馄饨的工艺流程；学生通过理论学习能够对馄饨进行制作；培养学生热爱专业、养成良好的职业道德习惯和勤学苦练的优良学风。

三、原料配方

（1）皮料：面粉 500 克、水 225 克。

（2）馅料：猪肉馅 200 克，葱姜末少许。

（3）调汤用料：虾皮、紫菜、香菜，各种调料。

四、主要设备和器具

和面机、电煮锅、电子秤、量杯、刮板、擀面棍、油刷等。

五、制作过程

（1）和面：和成软硬合适的面团（面要稍硬一些）。

（2）擀片：将面团擀成厚 1.5 毫米的薄片（薄厚一定要均匀），再切成边长 4 ～ 5 厘米的正方形待用。

（3）和馅：将肉馅加入姜末、盐、味素、鸡粉、胡椒粉、酱油、老王头拌馅粉、花椒面等调料（不加水）搅拌，最后放葱末、香油、少许油即可。

（4）包馅：左手拿一摞皮，右手拿筷子挑馅，将馅放到正方形的右上角上，然后由上至下带馅一起卷，再将两边重叠在一起呈猫耳形。

（5）煮制、调汤：水烧开后下馄饨，碗内放入盐、味素、胡椒粉、紫菜、虾皮、香油等（不放酱油）；馄饨煮熟后盛入碗中，加上汤即可。

六、评价标准

面皮爽滑筋斗，馅心咸香适口。

七、技术要领

（1）擀面片时两手用力要均匀，向外伸展要一致，才能保持面片各部位厚薄均匀。面片越薄越好，但不能破。

（2）和馅时不加水。

（3）煮制馄饨时水要开、水量足、火候旺，调汤不加酱油。

八、拓展任务

馅心可以变化可加入虾仁，也可调换成鸡肉等，形状也可变化。

九、营养特点

馄饨营养较为丰富，易于消化，适合各类人群食用。

馄饨

任务十二 京都肉饼

一、产品介绍

京都肉饼是热水面团代表品种，形似扇形，具有色泽金黄、馅心醇厚、肥而不腻、口感外脆内软等特点。

二、实训目的

使学生了解热水面团的特性及形成原理，掌握制作京都肉饼的工艺流程；学生通过理论学习能够对京都肉饼进行制作；培养学生热爱专业、养成良好的职业道德习惯和勤学苦练的优良学风。

三、原料配方

（1）主料：面粉 200 克、热水 110 克、肉馅 150 克。

（2）辅料：小葱、香菜适量。

四、主要设备和器具

和面机、电饼铛、电子秤、量杯、刮板、擀面棍、油刷等。

五、制作过程

（1）烫面：用 3 分凉水、7 分热水烫面，烫完后制成面团，摊开晾凉。

（2）调馅：将猪肉馅加入姜末、调料、小葱、香菜调制成馅心。

（3）成型：将面团下剂，50 克一个，擀成圆片，厚 2 毫米，直径 25 厘米，然后在右下方用刀切一刀，将肉馅抹在 1/4 处，然后对折，再抹肉馅，最后成扇形，边缘捏花边即可。

（4）成熟：电饼档预热至 180℃，烙制金黄色即可。

六、评价标准

色泽金黄，形似扇形，咸香适口。

七、技术要领

（1）面团要散热。

（2）抹馅要均匀。

八、拓展任务

将馅心进行调换，如牛肉、青菜等。

九、营养特点

京都馅饼营养较为丰富，适合各类人群食用。

京都肉饼

任务十三 韭菜盒子

一、产品介绍

韭菜盒子是中国北方东北三省、西北地区以及山东、河南、河北、山西等地非常流行的传统小吃，在有些地区也是节日食品。韭菜盒子一般选用新鲜韭菜和海米、鸡蛋为主要原料加工制作而成。

二、实训目的

使学生了解热水面团的特性及形成原理，掌握制作韭菜盒子的工艺流程；学生通过理论学习能够对韭菜盒子进行制作；培养学生热爱专业、养成良好的职业道德习惯和勤学苦练的优良学风。

三、原料配方

（1）皮料：面粉 250 克、烫水 150 克。

（2）馅料：韭菜 250 克、鸡蛋 3 个、虾皮适量。

四、主要设备和器具

和面机、电饼铛、电子秤、量杯、刮板、擀面棍、油刷等。

五、制作过程

（1）和面：烫面，稍软。

（2）和馅：将鸡蛋炒熟、晾凉，再将鸡蛋拌入虾皮、盐、味素、鸡粉、胡椒粉，最后放入韭菜和色拉油、香油。（韭菜要用色拉油和香油拌一下，放完韭菜以后尽量不要放盐，以免韭菜出水。）

（3）下剂：每个剂子重 25 克。

（4）包馅：将剂子擀成圆片，包入馅心，并包成“锁边”形状或“走边”形状。

（5）熟制：锅内放油，将两面烙成金黄色即可。

六、评价标准

色泽金黄，皮薄馅大，口味鲜香。

七、技术要领

面坯要软硬适度。皮子要薄厚均匀。馅心要大，收口要严。推边均匀美观。电饼铛温度适当。

八、拓展任务

花边可以变化，如变为“推捏”形状。

韭菜盒子

九、营养特点

韭菜叶味甘、辛、咸，性温，韭菜盒子营养丰富，有开胃、行气活血、补肾助阳、散瘀等功效。

任务十四 春饼

一、产品介绍

吃春饼是中国民间立春饮食风俗之一。立春吃春饼有喜迎春季、祈盼丰收之意。东北地区和北京一带的春饼最为可口，一般要卷菜而食。现在，人们备上小菜或各式炒菜，随意夹入饼内食用。

二、实训目的

使学生了解热水面团的特性及形成原理，掌握春饼制作的工艺流程；学生通过理论学习能够对春饼进行制作；培养学生热爱专业、养成良好的职业道德习惯和勤学苦练的优良学风。

三、原料配方

面粉 500 克、烫水 250 克、油 50 克。

四、主要设备和器具

和面机、电饼铛、电子秤、量杯、刮板、擀面棍、油刷等。

五、制作过程

（1）和面：烫面，和好后摊开晾凉。

（2）下剂：每个剂子重 30 克。

（3）成型：将剂子擀成圆片，抹上软酥，5~6 个为一组，摞起来。稍醒后擀成直径 10 厘米的圆片。

（4）熟制：烙制或蒸制即可。

六、评价标准

大小一致，薄厚均匀。

七、技术要领

（1）擀制时要两面擀，防止厚薄、大小不一。

（2）面团和好要摊开晾凉。

八、拓展任务

可以采用蒸和烙成熟方法。

九、营养特点

春饼在食用时要卷入肉类和蔬菜，做到荤素搭配，营养均衡，同时可辅以小米粥等。

春饼

任务十五 烧麦

一、产品介绍

烧麦又称烧卖、稍美、肖米、稍麦、稍梅、烧梅、鬼蓬头，在日本称作烧壳，是形容顶端蓬松束折如花的形状。烧麦是一种以烫面为皮包馅上笼蒸熟的小吃，其形如石榴，洁白晶莹，馅多皮薄，清香可口，兼有小笼包与锅贴之优点，民间常作为宴席佳肴。烧麦在中国历史上相当悠久，明末清初起源于内蒙古西部地区，后流传至京、津等地，称之为烧麦，而后流传至江苏、浙江、广东、广西一带，人们称之为烧卖。南北方的烧麦在材料、做法等方面有很大差异。

二、实训目的

使学生了解热水面团的特性及形成原理，掌握烧麦制作的工艺流程；学生通过理论学习能够对烧麦进行制作；培养学生热爱专业、养成良好的职业道德习惯和勤学苦练的优良学风。

三、原料配方

面粉 500 克、猪肉馅 500 克、虾仁 100 克、冬笋 100 克、酱油 50 克、鸡蛋 1 个、香菇 100 克、香油 25 克，盐、味精、葱姜末少许，高汤适量，开水 350 克，大米面适量。

四、主要设备和器具

和面机、蒸箱、电子秤、量杯、刮板、擀面棍、油刷等。

五、制作过程

（1）和面：面粉中倒入 350 克开水，将面烫熟揉匀，制成成面坯，摊开晾凉。

（2）醒面：醒 15 分钟。

（3）制馅：虾仁、冬笋、香菇分别切成 0.4 厘米见方的小丁备用。猪肉馅内加入酱油、盐、味精、蛋液、姜末等调料，搅拌均匀；加入高汤（分次加入），顺一个方向搅拌，上劲后再放入虾仁丁、冬笋丁、香菇丁、葱末及香油拌匀。

（4）下剂：每个剂子 60 克。

（5）制皮、成型：用烧麦棰将剂子擀成荷叶边状的烧麦皮，包入馅心，用手拢起，不封口，呈石榴状生坯。

（6）熟制：上屉用旺火蒸 5 ～ 6 分钟即可。

六、评价标准

外形美观，软糯适口，馅鲜味香。

七、技术要领

（1）面要烫透，摊开晾凉。

（2）调馅时，高汤要分次加入。

（3）皮要擀均匀，不要破边。

烧麦

八、拓展任务

将馅心进行调换，如牛肉、羊肉等。

九、营养特点

香菇味道鲜美，营养丰富，富含维生素 B、维生素 D 和铁、钾等微量元素，素有“菇中之王”的美称，具有化痰理气、益胃和中、提高免疫力、防癌抗癌、开胃消食、降血脂、降血压等功效。

冬笋是一种富有营养价值并具有医药功能的美味食品，其质嫩味鲜，清脆爽口，含有蛋白质和多种氨基酸、维生素以及钙、磷、铁等微量元素及丰富的纤维素，能促进肠道蠕动，既能助消化，又能预防便秘和结肠癌。冬笋也是一种高蛋白、低淀粉食品，对肥胖症、冠心病、高血压、糖尿病和动脉硬化等患者有一定的食疗作用。冬笋所含的多糖物质，具有一定的抗癌作用。

烧卖食材营养丰富，加上用烫面制作，易于消化吸收。

任务十六 花式蒸饺

一、产品介绍

花式蒸饺是热水面团的典型代表品种，具有造型美观、咸香适口的特点，深受人喜爱。

二、实训目的

使学生了解热水面团的特性及形成原理，掌握制作蒸饺的工艺流程；学生通过理论学习能够对蒸饺进行制作；培养学生热爱专业、养成良好的职业道德习惯和勤学苦练的优良学风。

三、产品配方

面粉 500 克、开水 350 克、猪肉馅 300 克、韭菜 300 克、鸡蛋 2 个、虾仁 100 克、调料适量。

四、主要设备和器具

和面机、电饼铛、电子秤、量杯、刮板、擀面棍、油刷等。

五、制作过程

（1）烫面、醒面：将面粉放在案子上，浇上开水，边浇边搅，和成烫面团，摊开晾凉。醒 15 分钟。

（2）制馅：将猪肉馅放入盆内，加入姜末、花椒面、盐、味精、酱油搅匀，搅入适量清水，搅拌至黏稠上劲（顺着一个方向搅动）。韭菜择洗干净，切末，鸡蛋炒碎，虾仁切段，加色拉油、香油拌匀。

（3）擀片：将面团搓成直径 2 厘米的长条，揪成大小一致的 75~80 个剂子。将剂子按扁，擀成直径 6 厘米的圆形皮子。

（4）成型：包成不同形状，如冠顶形、白菜形、金鱼形、麦穗形。

（5）熟制：将蒸箱烧开，上汽时将生坯放入屉内蒸 8 分钟即可。

六、评价标准

皮薄馅大，馅心松嫩，口味鲜美，汁多不腻。

七、技术要领

（1）面要烫透揉匀，晾凉。

（2）皮子要薄厚均匀，要包严，不露馅心

（3）蒸时不可过火。

八、拓展任务

包制出多种花式形状。

九、营养特点

蒸饺营养搭配合理，面粉烫制后更易于消化。韭菜性温味辛，能补肾温阳、益肝健脾，但身体偏温热、阴虚内热者不宜食用。

花式蒸饺

项目三
膨松面团模块

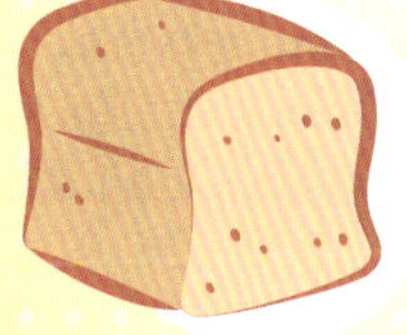

基础理论

膨松面团就是在调制面团的过程中加入适量的膨松剂或采用特殊的膨松方法，使面团产生化学反应或物理变化，从而改变面团的性质，面团内部产生大量气体，形成体积膨大的面团。根据面团内部气体产生的方法不同，膨松面团大致可分为生物膨松面团、化学膨松面团和物理膨松面团。

一、生物膨松面团制品的制作工艺

（一）生物彭松面团的概念

生物膨松面团也称为发酵面团，是在和面时加入酵母或“老面”，和成面团后置于适宜的条件下发酵，通过发酵作用，使面团膨松柔软。生物膨松面团具有体积膨大松软、面团内部呈蜂窝状的组织结构，吃口松软、有弹性等特点，一般适用于面包、包子、馒头、花卷等制品。

（二）生物膨松面团的制作原理

生物膨松面团是在面团中引入了酵母菌，酵母在繁殖过程中产生二氧化碳气体使面团膨胀。面团在发酵过程中，酵母主要是利用酵分解的单糖进行繁殖，产生二氧化碳气体而发酵。

（三）影响生物膨松面团发酵的因素

1. 温度的影响

面团的发酵受温度的影响很大，主要是由于酵母菌的生长繁殖活力有较适宜的温度范围，面团发酵的最适合的温度为 28℃，高于 35℃或低于 15℃都不利于面团的发酵。

2. 酵母的影响

（1）酵母（酵种）种类。饮食业中常用的生物膨松剂有两种：一是纯酵母菌，有鲜酵母、活性干酵母和即发性干酵母三种。其使用特点是膨松速度快、效果好、操作方便，但成本高。二是酵种（又称面肥、皂肥等），即前一次用剩的酵面。其特点是成本低廉、发酵速度慢、发酵时间长、制作难度大；易产生酸味，需加碱中和。

（2）酵母发酵能力。酵母发酵能力是指在面团发酵中，酵母进行有氧呼吸和酒精发酵产生二氧化碳气体使面团膨胀的能力。影响酵母发酵能力的主要因素是酵母的活力，活力旺盛的酵母发酵能力强，而衰竭的酵母发酵能力低。

（3）酵母用量。在酵母发酵能力相等的条件下，酵母用量越多，则发酵速度越快，酵母用量过少会使面团发酵速度显著减慢。一般情况下以加入面粉量的 2% 为宜。

3. 面粉的影响

面粉对发酵的影响主要是面筋和淀粉酶的作用。面筋具有很强的韧性，在面团中形成的面筋网络既具有包裹气体、阻止气体溢出的能力，也具有抵抗气体膨胀的能力。面筋含量过少，筋力不足，酵母发酵所产生的气体就不能保持，面团不能膨松胀发；面筋含量过多，筋力过强，也会阻碍面团的膨胀，达不到理想的发酵效果。要根据具体品种要求灵活选择筋性不同的面粉。

4. 面团硬度的影响

一般情况下，含水量多的面团，面筋易发生水化作用，容易被拉伸，发酵时易膨胀，面团发

酵速度快，但面团太软，保持气体能力差，气体易散失。掺水量少的面团则相反，它具有较强的持水性，但发酵速度较慢。所以，面团过软或过硬都会影响发酵的效果。和面时的加水量一定要适当，要根据具体的要求、气温、面粉性质、含水量等因素来掌握。

5. 发酵时间的影响

在同等的适宜条件及发酵能力相等的条件下，发酵时间的长短对发酵面团的质量有重要影响：发酵时间过短，面团不膨发，影响成品的质量；发酵时间过长，面团变得稀软无筋性，若面肥发酵则酸味强烈，成熟后软塌不松发。因此，发酵时间长短要根据成品要求综合考虑。

6. 渗透压的影响

在调制生物膨松面团时要注意糖和盐的使用量。酵母在发酵过程中需要糖，糖的使用量占面粉用量的 20% 以内时可促进酵母发酵；大于 20% 时，形成较高的渗透压就会抑制酵母发酵。食盐可增强面筋筋力、面团的稳定性，但用量超过 1% 时，对酵母活性就具有抑制作用。

（四）生物膨松面团的调制方法

生物膨松面团使用的生物膨松剂有两种，所以生物膨松面团的调制方法也有两种：一种是用纯酵母调制生物膨松面团，另一种是用酵种调制生物膨松面团。

1. 纯酵母生物膨松面团的调制

（1）普通发酵面团的调制。

将面粉、泡打粉拌匀，一起放于面板上开窝；水（温度根据季节灵活掌握）中加入酵母，将酵母搅化后，与面粉调和成团，再揉入食盐，充分揉匀；揉透至面团光滑后，盖上湿布静置发酵。可制作包子、花卷等。

（2）工艺要点。

①严格把捏面粉的质量。制作不同的面点品种，对面粉的要求不一样，一般制作包子、馒头、花卷选用中、低筋粉，制作面包则选用高筋粉。

②控制水温和水量。要根据气温、面粉的用量、保温条件、调制方法等因素来控制水温，原则上以面团调制好后，面团内部的温度为 26℃为宜。制作品种不同，加水量也有差别，要根据具体品种决定加水量。

③掌握酵母的用量。酵母用量过少，发酵时间长；酵母用量太多，其繁殖率反而下降。酵母的用量一般占面粉用量的 1% 左右，即面粉 500 克，酵母 5 克。

④面团要揉透、揉光。面团一定要揉透、揉光，否则成品不膨松，表面不光洁。

⑤食盐和酵母分开使用。如果配方中需加入食盐，食盐应尽量避免与酵母直接接触，食盐若与酵母混合容易形成较大的渗透压，抑制酵母发酵，可在面团成团后将食盐揉入。

2. 酵种生物膨松面团的调制

（1）酵种生物膨松面团的分类。

根据面团的发酵程度、调制方法，用酵种调制发酵面团可分为大酵面、嫩酵面、酵面、碰酵面和烫酵面。

（2）酵种生物膨松面团的调制方法。

①酵种的培养：饮食行业一般将前一次使用剩下的酵面作为酵种。具体的做法是将剩下的发酵面团加水调散，放入面揉和，在发酵盆内发酵，发酵 24 小时即成酵种。

②酵种发酵面团的调制：面粉置于案板上开窝，加入酵种（先加入少量水调散），再加入少量水拌匀；然后用调和法调制成团，反复揉制至面团光滑，放置适宜环境内发酵，发酵完成后正确兑

碱即可使用。

二、化学膨松面团制品的制作工艺

（一）化学膨松面团制品的制作基本知识

化学膨松面团是指在面团中加入一种或多种化学膨松剂而调制成的面团。面团利用了化学膨松剂的化学特性，使面团在调制、成型或成熟等过程中产生一定的气味，使熟制的成品具有膨松、酥脆的特点。这类面团适合制作焙烤类、油炸类制品，如甘露酥、桃酥、萨其马、油条等。

（二）化学膨松面团的原理

化学膨松的基本原理是化学膨松剂在面团中发生化学反应，产生气味，气味在成熟时受热膨胀，使制品内部形成多孔组织，具有疏松或酥脆的口感。有的膨松剂掺入面团后就发生化学反应，有的膨松剂在成熟过程中受热分解发生化学反应并产生大量的气味。常用的化学膨松剂主要有小苏打、臭粉、发粉以及矾、碱、盐等。

（1）小苏打：即碳酸氢钠，俗称小苏打，为白色粉末，分解温度为60℃～150℃，受热时化学反应式为：

$$2NaHCO_3 \rightarrow Na_2CO_3 + CO_3 \uparrow + H_2O$$

（2）臭粉：即碳酸氢铵，俗称臭粉，白色结晶，分解温度为30℃～60℃，加热反应式为：

$$NH_4HCO_3 \rightarrow NH_3 \uparrow + CO_2 \uparrow + H_2O$$

臭粉在分解时同时产生氨气（NH_3）和二氧化碳（CO_2），因而其膨松能力比小苏打大2～3倍，制品中常残留有刺激味的氨气，影响制品风味，所以使用时要控制用量。此外，臭粉的分解温度很低，往往在制品成熟前就分解完毕，所以它常和小苏打一起配合使用。

（3）发粉：又称泡打粉，是由酸式盐、碱式盐、淀粉和脂肪酸等共同组成的复合膨松剂。

（4）矾、碱、盐：矾、碱在面团中主要通过矾与碱相互作用产生二氧化碳（CO_2），使制品具有膨松、酥脆的特点；盐的主要作用是增加面团的筋性。

（三）化学膨松面团的调制方法

一般化学膨松面团的主要用料有鸡蛋、糖、油、面粉及化学膨松剂。调制时先将面粉过筛（如选用泡打粉或小苏打则与面粉一同过筛），然后置于案板开较大的窝，加入油脂与糖搅拌均匀，至糖溶化，再加入鸡蛋调和均匀（如果选择臭粉为化学膨松剂，则在此时加入），然后用左手拿刮板向中间刮面粉搅拌。采用折叠法从上向下压粉料，反复多次压至成团后即可。

（四）一般膨松面团调制的技术要领

（1）和面时注意手法，面团调制时主要采用折叠的手法，主要是避免更多的面筋形成而使制品失去膨松、酥脆的特点，所以，要注意尽量少揉制，或者不揉制。

（2）要使用膨松剂时应注意其自身特点，比如臭粉分解后会产生氨气，若不能完全挥发会使制品无法使用，臭粉本身就是结晶颗粒，应使其在成熟过程中完全挥发。在调剂面团时应将臭粉先用水溶解。

（3）严格控制各种化学膨松剂用量，如小苏打用量过多会使制品颜色发黄，口味发涩。

（4）调制面团时不宜使用热水，因为化学膨松剂受热会立即分解，一部分二氧化碳或氧气易散失掉，影响制品的膨松效果。

（5）和面时要揉透揉匀，否则制品成熟后会出现黄色斑点，影响口味。

三、物理膨松面团制品的制作工艺

（一）物理膨松面团制品的制作基本知识

1. 物理膨松面团制作原理及特点

物理膨松面团是指利用鸡蛋或油脂作调搅介质，依靠鸡蛋清的起泡性或油脂的打发性，经高速搅打后加入面粉等原料调制而成的面团。根据膨松原料的不同，物理膨松面团有两种形式：一种是以鸡蛋为主要膨松原料，同其他原料一起高速搅打或单独经高速搅打后分次加入其他原料调制而成，成为蛋泡面团，其代表品种有清蛋糕、戚风蛋糕等；另一种是以油脂（固态油脂）为主要膨松原料，经高速搅打后加入鸡蛋、面粉等调制而成，成为油蛋面团。物理膨松面团具有细腻柔软、松发孔洞均匀、呈海绵状、成品质地暄软、口味香甜、营养丰富的特点，其代表品种有各种蛋糕。

（1）蛋泡面团的膨松原理。蛋泡面团的膨松主要是依靠蛋白的起泡性，因为蛋白是一种亲水性黏稠胶体，具有良好的起泡性能。蛋液经快速而连续搅打后，使空气进入液体内部而形成泡沫，蛋白中的球蛋白降低了表面张力，增加了黏度。黏蛋白和其他蛋白经搅打产生局部变性形成薄膜，将混入的空气包围起来；同时由于蛋液的表面张力迫使泡沫变成球形，加上蛋白胶体具有黏度和加入的原料附着在蛋白泡沫的四周，泡沫层变得浓厚坚实，增强了泡沫的稳定性和持气性。当熟制时，泡沫内气体受热膨胀，使制品呈多孔的疏松结构。蛋白保持气体能力的最佳状态是呈现最大体积之前产生的，过分搅打会破坏蛋白胶体物质的韧性，使蛋液保持气体能力下降。

（2）油蛋面团的膨松原理。制作油脂蛋糕时，糖、油在搅拌过程中能搅入大量空气，并产生气泡。当加入蛋液继续搅拌时，油蛋面团中的气泡会增多，这些气泡在制品烘烤时空气受热膨胀，会使制品形成多孔的疏松结构，质地松软。为了使油蛋面糊在搅拌过程中能够搅入更多的空气，应该选用具有良好的可塑性和融合性的油脂。

（二）物理膨松面团的调制方法

1. 蛋泡面团的调制方法

蛋泡面团调制方法分为全蛋法和分蛋法两种。

（1）全蛋法蛋泡面团的调制。

全蛋法蛋泡面团的调制分为一步法和多步法。

①一步法：将配方中除油脂和水以外的所有原料放入搅拌缸内，先慢速搅拌均匀，然后改为高速搅拌 6 ～ 7 分钟，加入水再搅拌 1 分钟，再改为低速，加入油脂搅拌匀即可。采用一步法一般要求原料中的白糖应为细砂糖，蛋糕油的用量必须大于面粉用量的 4%，如果原料中白糖颗粒较粗，则需将糖、蛋放入搅拌缸内中速搅拌至糖溶化（大部分），再加入除油脂和水以外的所有原料按上述方法制作。其特点是成品内部组织细腻，表面平滑有光泽，但体积稍小。

②多部法：将鸡蛋、白糖、蛋糕油放入搅拌缸内，中速搅拌至糖溶化（大部分），根据糖颗粒的大小选择搅拌时间，一般为 1 ～ 5 分钟；然后加蛋糕油改为高速搅拌 5 ～ 7 分钟，待蛋糕油成鸡尾状时加水搅打 1 分钟左右，改为低速搅打，加入过筛的粉料搅匀，再加入油脂拌匀即可。其特点是成品内部孔洞大小不均，组织不够细腻，但体积较大。

（2）分蛋法蛋泡面团的调制。

①分蛋：鸡蛋磕开，将蛋黄和蛋清分开。

②蛋黄面糊调制：先把水、色拉油、白糖一同混合搅拌至糖完全溶化，然后加入过筛的粉料，继续搅拌至光滑无颗粒，最后加入蛋黄继续搅拌至面糊均匀光滑。

③蛋清打法：将蛋清与白糖一同放入搅拌缸内，中速搅拌至糖溶化，加入盐、塔塔粉后，再改为快速搅拌至中性发泡。

④混合：取 1/3 打发的蛋清与蛋黄面糊混合，拌匀以后再全部倒入搅拌缸内，与剩余的 2/3 的蛋清面糊完全混合均匀即可。

2. 油蛋面团的调制方法

常用的方法是油、糖搅拌法。将油脂与细糖一同放入搅拌缸内，中速搅拌至糖溶化与油脂融合，充入气体，油脂变为乳白色或是淡黄色后开始加入鸡蛋，边加入边搅打，直至制品完全融合，油蛋糊变白、体积膨胀较大为止，最后加入过筛的粉料，调拌均匀。

3. 物理膨松面团调制的技术要领

（1）主要原料对物理膨松面团的影响。

在蛋糕制作过程中主要用料有鸡蛋、面粉、白糖以及油脂等。蛋糕原料的好坏对物理膨松面团有很重要的影响：

①鸡蛋。在选择鸡蛋时一定要注意其新鲜度，越新鲜的鸡蛋发泡性越好，越有利于蛋糕的制作。

②面粉。面粉的筋性要恰当，在制作清蛋糕时应选用蛋糕粉（低筋粉），在蛋料较低的配置中为保持蛋糕的柔软性，可用玉米淀粉代替部分面粉，但不可使用太多，如使用过多蛋糕在烘烤成熟后容易塌陷。

③白糖。在选择白糖时，应注意糖的颗粒大小，对于不同品种的蛋糕可以灵活地选择白砂糖、绵白糖、糖粉。如糖的颗粒过大，搅拌过程中不能完全溶化，成熟后蛋糕底部易有沉淀且会使蛋糕内部比较粗糙，糖的质地不均匀，同时也会使蛋糕表面有斑点。

④油脂。油脂在制作油蛋面团中为主要原料，在选用时除注意要有良好的可塑性和融合性外，同时也要注意选用熔点较低的油脂，因为这种油脂的渗透性好，能增强面糖团的融合性。

（2）注意辅料的使用。

①蛋糖油。全蛋法蛋泡面团的调制中一般都会用到一种很要的辅料，那就是蛋糕油。蛋糕油加入后，如果在成熟之前没能完全溶化，那么就会使成品底部有沉淀，所以在使用蛋糕油时应注意用量的多少，切记不可多放，同时要注意蛋糕油应当在高速搅打之前加入。

②塔塔粉。分蛋法蛋泡面团的调制中经常会用到塔塔粉，它在面团中所起的作用是降低蛋清的 pH 值，从而改善蛋清的起泡性，同时也具有保湿等作用。在使用塔塔粉时要考虑糖颗粒的大小，如糖的颗粒过大，塔塔粉就不要太早加入，太早加入会使蛋清发泡过快，糖不能够完全溶化，影响制品的质量。

③泡打粉。在面团调制时如需加入泡打粉，也一定要与面粉一起过筛，使其能充分混合，否则会造成蛋糕表面出现麻点和部分地方出现苦涩味。

（3）控制好温度。

打蛋浆时，最佳温度为 17℃～ 22℃，如冬季气温较低时，蛋浆需适当加热，有利于快速起泡，但不应超过 40℃，以防止成熟后蛋糕底部有沉淀和结块。

任务一 馒头、长花卷、圆花卷

一、产品介绍

花卷和馒头是一种古老的中国面食，是家常主食。花卷可以做成椒盐、麻酱、葱油等各种口味，其营养丰富，味道鲜美，做法简单——将面团制成薄片拌好作料后卷成半球状，蒸熟即可。

二、实训目的

使学生了解膨松面团的特性及形成原理，掌握馒头、花卷制作的工艺流程；学生通过理论学习能够对馒头、花卷进行制作；培养学生热爱专业、养成良好的职业道德习惯和勤学苦练的优良学风。

三、原料配方

面粉 500 克、酵母 5 克、泡打粉 10 克、糖 30 克、温水 270 克。

四、主要设备和器具

和面机、蒸箱、电子秤、量杯、刮板、擀面棍、油刷等。

五、制作过程

（1）和面。

面粉开窝，加入酵母、泡打粉和白糖，加入温水搅拌均匀，揉成面团，反复揉匀揉光。

（2）成型。

①馒头：下剂每个 80 克，揉搓光滑，也可以将面团擀成大片，卷起来，用刀切成均匀的面剂。

②长花卷：面团擀成大片，表面刷上油，采用双卷法的方法，从两头向中间叠，然后用刀切成小段，两手采用相反的方向拧即可。

③圆花卷：面团擀成大片，表面刷上油，采用单卷法的方法，从一头向另一头叠，然后用刀切成小段，层次朝外，缠绕在大拇指上即可。

（3）醒发。

将蒸箱内温度控制在 30℃左右，将生坯放入，醒发 15 分钟，待其表面发起即可。

（4）蒸制。

蒸箱旺火蒸制 15 分钟即可。

六、评价标准

色泽洁白，口感喧软。

七、技术要领

（1）严格控制醒发的温度和时间。

（2）面团揉透揉匀。

八、拓展任务

将麻酱、五香粉等加入改变口味。

九、营养特点

馒头、花卷属于发酵类食品，面粉中的淀粉和蛋白质经过发酵后降解为小分子营养物质，更容易消化吸收。

花卷

馒头

任务二 提褶包

一、产品介绍

提褶包是生物膨松面团典型代表品种，具有色泽洁白、鲜香适口、口感暄软的特点。

二、实训目的

使学生了解膨松面团的特性及形成原理，掌握制作提褶包的工艺流程；学生通过理论学习能够对提褶包进行制作；培养学生热爱专业、养成良好的职业道德习惯和勤学苦练的优良学风。

三、原料配方

（1）面团配方：面粉 500 克、酵母 5 克、泡打粉 8 克、白糖少许、温水 250 克。

（2）肉馅配方：猪肉馅 350 克、青菜 350 克、酱油 40 克、精盐 7 克、姜末 10 克、葱花 50 克、色拉油 50 克、香油 25 克、味精 5 克、花椒面适量。

四、主要设备和器具

和面机、蒸箱、电子秤、量杯、刮板、擀面棍、油刷等。

五、制作过程

（1）和面：面粉开窝，加入酵母、泡打粉、糖，调制成面团。

（2）揉面、醒面：反复揉匀、揉透，醒发 20 分钟。

（3）制馅：猪肉馅放入盆中，加酱油、姜末、精盐、味精、花椒面拌匀，再逐次加入 100 克水，顺着一个方向搅拌，至肉馅黏稠即可。将青菜摘洗净，切碎，放入调好的肉馅内，再放入葱花、色拉油、香油拌匀待用。

（4）下剂：每 50 克 3 个剂子。

（5）制皮：擀成边薄中间厚的皮子。

（6）上馅：包入馅心。

（7）成型：包入馅心后，用右手拇指和食指沿边提褶收口，提褶 18 个，成圆形包子。

（8）醒发：温度在 30℃左右，醒发 20 分钟。

（9）熟制：放入屉内，用旺火蒸制 12 分钟。

六、评价标准

色泽洁白，外形褶匀美观，皮薄馅嫩，口味鲜香。

七、技术要领

（1）醒发要适度。

（2）制馅加水时，要逐次加，边加边搅。

（3）包制时要皮匀馅正，提褶均匀。

（4）蒸制时火候要适当。

八、拓展任务

变化馅心，改变口味。

九、营养特点

包子的面皮经发酵后淀粉降解为葡萄糖等小分子糖类，蛋白质降解为肽或者氨基酸，使其更易于消化吸收；再通过馅料的荤素搭配，能够做到营养均衡，即使一餐只食用包子，也可以满足人体营养需求。

提褶包

任务三 发糕

一、产品介绍

发糕广泛分布于北方与南方广大地区，是我国传统的特色美食。发糕以面粉和杂粮为主蒸制而成，其味清香，是一种大众化的面点食物。

二、实训目的

使学生了解膨松面团的特性及形成原理，掌握制作发糕的工艺流程；学生通过理论学习能够对发糕进行制作；培养学生热爱专业、养成良好的职业道德习惯和勤学苦练的优良学风。

三、原料配方

面粉 500 克、细玉米面 100 克、糖 20 ～ 40 克、泡打粉 3 克、酵母 3 克、温水 140 克、面包改良剂 3 克、金丝小枣 100 克。

四、主要设备和器具

和面机、蒸箱、电子秤、量杯、刮板、擀面棍、油刷等。

五、制作过程

（1）混合：将面粉、玉米面、糖、泡打粉先在盆中混合均匀。
（2）和面：酵母溶于温水中，混合均匀后倒入面粉中，揉成均匀的面团。
（3）醒发：将面团放入铺好屉布的笼屉中，盖上锅盖于温暖处醒发 0.5 ～ 1 小时膨胀两倍大。
（4）嵌枣：金丝小枣洗净，红枣嵌入醒好的面团表面，盖上锅盖。
（5）烹制：开大火，蒸 20 分钟，取出后揭开屉布放凉。

六、评价标准

松暄柔软，香甜可口。

七、技术要领

（1）醒发要适度。
（2）注意蒸制火候。

八、拓展任务

将黄豆面、小米面等加入，营养更丰富。

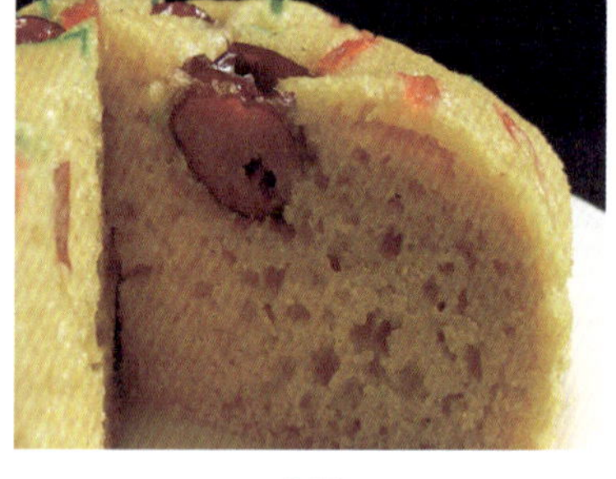
发糕

九、营养特点

发糕的面粉中掺入了杂粮面，杂粮面中的膳食纤维较为丰富，能够满足人们日常膳食纤维不足的问题。膳食纤维可有效缓解便秘，同时还具有减肥、降血压、降血脂的作用。

任务四 奶黄包的制作

一、产品介绍

奶黄包又称奶皇包，有浓郁的奶香和蛋黄味道，是广东省的汉族传统名点，属于广式甜点。广东人有喝早茶的习惯，喝早茶的时候会点上一笼奶黄包。奶黄包常见的有三种馅料。

二、实训目的

使学生了解膨松面团的特性及形成原理，掌握制作奶黄包的工艺流程；学生通过理论学习能够对奶黄包进行制作；培养学生热爱专业、养成良好的职业道德习惯和勤学苦练的优良学风。

三、产品配方

（1）面团配方：面粉 500 克、白糖 50 克、酵母 10 克、泡打粉 10 克、改良剂 5 克。
（2）馅心配方：粟粉 250 克、低筋粉 75 克、吉士粉 50、黄油 250 克、鸡蛋 250 克。
（3）其他：白糖 500 克、奶粉 30 克、清水 750 克，三花淡奶、椰浆各半罐。

四、主要设备和器具

和面机、蒸箱、电子秤、量杯、刮板、擀面棍、油刷等。

五、制作过程

（1）调制馅心：将粟粉、低筋粉、黄油、鸡蛋、吉士粉调制成馅心。
（2）和面：将面粉加入酵母、泡打粉、糖、改良剂调制成面团，用压面机压制，压至光滑。
（3）下剂：每个剂子 30 克，包上馅心，上面用剪子剪成十字口即可。
（4）醒发：将生坯放入蒸箱中，温度在 30℃左右，醒发 30 分钟。
（5）熟制：上屉蒸 20 分钟即可。

六、评价标准

色泽金黄，口感暄软，香甜适口。

七、技术要领

（1）掌握好面团的调制和压制。
（2）严格控制醒发的时间和温度。

八、拓展任务

表面形状可以变化。

奶黄包

九、营养特点

奶黄包中加入了黄油、奶粉等乳制品及鸡蛋，与馒头相比，既改善了面粉中蛋白质单一和油脂不足的问题，营养也得到了提升。

任务五 软麻花

一、产品介绍

麻花是中国特色小吃，是把两三股条状的面拧在一起用油炸制而成。麻花富含蛋白质、氨基酸、多种维生素和微量元素，是理想的休闲小食品，其中以天津麻花最为出名。在东北地区，立夏时节有吃麻花的古老习俗。

二、实训目的

使学生了解膨松面团的特性及形成原理，掌握制作软麻花的工艺流程；学生通过理论学习能够对软麻花进行制作；培养学生热爱专业、养成良好的职业道德习惯和勤学苦练的优良学风。

三、原料配方

高筋粉 250 克、中筋粉 250 克、鸡蛋 60 克、盐 5 克、酵母 5 克、水 150 克、改良剂 2 克、绵糖 100 克、酥油 30 克、豆油 30 克、泡打粉 2 克。

四、主要设备和器具

和面机、电炸锅、电子秤、量杯、刮板、擀面棍、油刷等。

五、制作过程

（1）和面打筋：除油水外，所有材料放入和面机内慢速搅匀；放入色拉油，放入水，调干湿度后，快速打出筋。

（2）醒发、成型、熟制：取出面团盖保鲜膜醒发 30 分钟，膨胀至 2 倍大后分成每个 100 克的剂子，揉成粗条再盖保鲜膜醒发 20 分钟膨胀至 2 倍大，成型后再放入醒箱中（温度 30℃～40℃，湿度 70%），醒发大一圈取出，油炸成金黄色即可。

（注：成型过程中时加入酥面，即成酥麻花，包入豆沙等材料即成夹馅麻花。酥油和糖、面混合即成酥面。）

软麻花

六、评价标准

色泽金黄，口感暄软，香甜可口。

七、技术要点

（1）注意成型手法。

（2）注意炸制火候。

八、拓展任务

将起酥片包入，可制作起酥麻花。

九、营养特性

软麻花的面团中加入了鸡蛋和黄油，同时经过发酵，营养得到提升，但作为油炸食品，油脂含量偏高。

任务六 发面烤饼

一、产品介绍

烤饼是烘焙类面粉制品的统称，世界上不少国家和地区都有烤饼，其种类繁多、口感松脆，配以不同馅心可增加口感。

二、实训目的

使学生了解膨松面团的特性及形成原理，掌握制作发面烤饼的工艺流程；学生通过理论学习能够对发面烤饼进行制作；培养学生热爱专业、养成良好的职业道德习惯和勤学苦练的优良学风。

三、原料配方

（1）面团配方：面粉 500 克、白糖 30 克、酵母 10 克、泡打粉 10 克。

（2）馅心配方：猪肉馅、五香粉适量，或豆沙、白糖。

四、主要设备和器具

和面机、烤箱、电子秤、量杯、刮板、擀面棍、油刷等。

五、制作过程

（1）调制面团：将面粉加入酵母、泡打粉调制成面团。

（2）包馅成型：将面团用压面机压至光滑，擀成大片，抹上熟酥，卷起；下剂，每个 70 克，包入馅心，表面沾上芝麻即可。

（3）醒发、烤制：将生坯放入蒸箱醒发 30 分钟，烤制 20 分钟。

六、评价标准

色泽金黄，口感暄软。

芝麻烤饼

七、技术要领

（1）掌握好面团的调制和压制。

（2）严格控制醒发的时间和温度。

八、拓展任务

将馅心进行变化，调节口味。

九、营养特点

此款馅饼食材多样，营养较为均衡。

任务七 桃酥

一、产品介绍

桃酥是一种我国南北皆宜的特色小吃，其中江西省的乐平桃酥以干、酥、脆、甜的特点闻名全国。桃酥的主要原料是面粉、鸡蛋、油脂等。

二、实训目的

使学生了解膨松面团的特性及形成原理，掌握制作桃酥的工艺流程；学生通过理论学习能够对桃酥进行制作；培养学生热爱专业、养成良好的职业道德习惯和勤学苦练的优良学风。

三、原料配方

低筋粉500克、细砂糖250克、植物油250克、鸡蛋2个、臭粉4克、小苏打3克、吉士粉50克。

四、主要设备和工具

和面机、烤箱、电子秤、量杯、刮板、擀面棍、油刷等。

五、制作过程

（1）混合：将植物油、打散的鸡蛋液、细砂糖在大碗中混合均匀；面粉和臭粉混合均匀，过筛。

（2）制作面团：将植物油的混合物倒入面粉中，采用折叠的方法制作成面团。

（3）成型：取一小块面团，搓成小圆球。将小圆球中间压扁，放入烤盘，表面刷一层鸡蛋液。

（4）熟制：烤箱预热，上火190℃，下火170℃，烘烤20分钟，烤成金黄色即可。

六、评价标准

色泽金黄，酥松香甜。

桃酥

七、技术要领

（1）面团要折叠，不能揉。

（2）注意烘烤的时间和温度

八、拓展任务

将植物油换成猪油或者黄油。

九、营养特点

油脂含量较高，肥胖和高血脂者应少食用。

任务八 套环麻花、松塔麻花

一、产品介绍

套环麻花、松塔麻花是以鸡蛋为主要原料，通过油炸制成，具有色泽金黄、酥脆香甜的特点。

二、实训目的

使学生了解膨松面团的特性及形成原理，掌握制作套环麻花的工艺流程；学生通过理论学习能够对麻花进行制作；培养学生热爱专业、养成良好的职业道德习惯和勤学苦练的优良学风。

三、原料配方

面粉 500 克、鸡蛋 270 克、白糖 100 克、豆油 50 克。

四、主要设备和器具

和面机、电炸锅、电子秤、量杯、刮板、擀面棍、油刷等。

五、制作过程

（1）和面、醒面：面粉开窝，加入鸡蛋、白糖、油，搅拌均匀调制成面团，醒 15 分钟。

（2）成型：将面团擀成厚 2 毫米的大片，表面刷上油待用。

①套环麻花：将擀好的大片切成 3 厘米宽的长条，4 个放在一起，然后切成小块，中间用刀切一下，然后反过来即可。

②松塔麻花：将擀好的大片切成 5 厘米宽的长条，4 个放在一起，然后切成正方形；四角的中心各切一刀，每个边缘中心各切一刀，然后将四角提起来，中间用面条捆绑住即可。

（3）熟制：8 成油温，炸成金黄色即可。

六、评价标准

色泽金黄，酥脆香甜。

七、技术要领

（1）面团要揉匀醒透，成型时注意形状的要求。

（2）油炸时要控制好油温。

八、拓展任务

将形状进行变化，如卷帘形状。

九、营养特点

油脂含量较高，肥胖和高血脂者应少食用。

套环麻花

任务九 马拉糕

一、产品介绍

马拉糕是广东茶楼里传统的广式点心，而香港的港式马拉糕，又叫作古法马拉糕，其特色是气孔有三层，顶层是直的，而低层是横的，属蛋糕的一种。

二、实训目的

使学生了解膨松面团的特性及形成原理，掌握制作马拉糕的工艺流程；学生通过理论学习能够对马拉糕进行制作；培养学生热爱专业、养成良好的职业道德习惯和勤学苦练的优良学风。

三、产品配方

低筋粉350克、粟粉150克、鸡蛋7个、白糖350克、黄油65克、泡打粉12克、吉士粉12克。

四、主要设备和器具

和面机、蒸箱、电子秤、量杯、刮板、擀面棍、油刷等。

五、制作过程

（1）过筛：将低筋粉、粟粉、吉士粉混合过筛。

（2）搅拌、成型：加入白糖，再分次加入鸡蛋，搅拌均匀；加入溶化的黄油搅拌均匀。加入泡打粉搅拌均匀。装入蛋挞碗内，7分满。

（3）醒发、蒸制：醒发10分钟，蒸制12分钟。

马拉糕

六、评价标准

口感暄软，香甜适口。

七、技术要领

（1）鸡蛋分次加入。

（2）要用旺火蒸制。

八、拓展任务

可以倒入不同模具，制作出不同形状。

九、营养特点

属于高糖、高脂食品，肥胖、高血糖、高血脂者应少食用。

任务十 玉米面贴饼

一、产品介绍

玉米面贴饼是由面粉和玉米面混合制成的，具有营养丰富，口感面暄软、底酥脆的特点。

二、实训目的

使学生了解膨松面团的特性及形成原理，掌握制作玉米面贴饼的工艺流程；学生通过理论学习能够对玉米面贴饼进行制作；培养学生热爱专业、养成良好的职业道德习惯和勤学苦练的优良学风。

三、原料配方

玉米面 100 克、面粉 500 克、酵母 6 克、泡打粉 6 克、改良剂 3 克、糖 20 克。

四、主要设备和器具

和面机、蒸箱、饼铛、电子秤、量杯、刮板、擀面棍、油刷等。

五、制作过程

（1）调制面团：将面粉加入玉米面、酵母、泡打粉、糖调制成面团。
（2）成型：面团下剂搓圆，用擀面杖擀开成橄榄形。
（3）醒发、烙制：将生坯放入蒸箱温度 30℃，醒发 30 分钟，烙制 20 分钟。

六、评价标准

色泽金黄，口感暄软。

七、技术要领

（1）注意橄榄形的造型。
（2）严格控制醒发的时间和温度。

八、拓展任务

可以制作成长条形，烙完再切。

九、营养特点

玉米面中 B 族维生素和纤维素含量较为丰富。B 族维生素有维持神经系统、消化系统和皮肤正常功能的作用，而膳食纤维则有降低血糖和血脂、防止便秘、减肥的作用。

玉米面贴饼

任务十一 生煎包

一、产品简介

生煎包是流行于上海、浙江、江苏及广东的一种传统小吃，简称为生煎。由于上海人习惯称包子为馒头，因此在上海生煎包一般被称为生煎馒头。其特点是皮酥、汁浓、肉香、精巧。轻咬一口，肉香、油香、葱香、芝麻香的美味在口中久久不散。原为茶楼、老虎灶（开水店）兼营品种。馅心以鲜猪肉加皮冻为主。生煎包外皮底部煎成金黄色，上面撒一些芝麻、香葱，闻起来香香的，咬一口满嘴汤汁，颇受上海人喜爱。成品面白，软而松，肉馅鲜嫩，中有卤汁，咬嚼时有芝麻及葱香味，以出锅热吃为佳。对其评价是："皮薄不破又不焦，二分酵头靠烘烤，鲜馅汤汁满口来，底厚焦枯是败品。"

二、实训目的

使学生了解膨松面团的特性及形成原理，掌握制作生煎包的工艺流程；学生通过理论学习能够对生煎包进行制作；培养学生热爱专业、养成良好的职业道德习惯和勤学苦练的优良学风。

三、产品配方

（1）面皮：面粉 500 克、酵母 5 克、泡打粉 8 克、白糖少许、温水 250 克。

（2）馅心：猪肉丁 2000 克、皮冻丁 500 克、姜末 25 克、盐 30 克、味素 20 克、花椒面 4 克、甜面酱 30 克、葱花 150 克、猪油 80 克、香油 50 克、香菜 250 克、鸡精 20 克。

四、主要设备与器具

和面机、蒸箱、醒箱、电饼铛、电子秤、量杯、刮板、擀面棍、油刷、馅匙等。

五、制作过程

（1）和面：

和成生物膨松面团。

（2）揉面、醒面：

揉成光滑的面团，然后醒 15 分钟。

（3）搓条、下剂：

搓成粗条，下剂，每个剂子 20 克 .

（4）制馅：

①将猪肉馅放入盆内，加入姜末、花椒面、面酱、盐、味精、酱油搅匀，搅入适量清水，搅拌至黏稠上劲（顺着一个方向搅动）。

②将葱末拌入猪肉馅中，加色拉油、香油拌匀，最后放入皮冻丁。

（5）搓条、下剂、制皮、上馅：

①将面团搓成直径 1.5 厘米的长条，揪成大小一致的 80 个剂子。将剂子按扁，擀成直径 4 厘米的圆形皮子。

②左手托皮，右手用馅匙拨入馅心。用右手大拇指和食指捏住皮边，提成 18 个直褶。

（6）醒制、熟制：

生坯入醒箱醒置 10 分钟。电饼铛中放适量油，加热，180℃，把包子放入锅里煎一下，底下有点微黄定型就可以加水，水的量是包子的 1/3 高；盖上盖煮干水分，听到吱吱响时开盖，底部呈金黄色，上面撒上黑芝麻、葱花，盖 20 秒就可以出锅了。

生煎包

六、评价标准

色泽洁白，光亮润滑，暄软，鲜香。

七、技术要领

（1）醒发要适度，大小要一致。

（2）形状要美观。

八、拓展任务

馅心多元化，制作不同口味的产品。

九、营养特点

在食用时配以蔬菜或蔬菜汤，营养会更全面。

任务十二 奶香花卷

一、产品简介

奶香花卷是流行于现代高档酒店的面食，是一款从传统花卷衍生出来的品种，其加入牛奶等原料增加营养，使花卷口味多元，是大众美食的新典范。

二、实训目的

使学生了解膨松面团的特性及形成原理，掌握制作奶香花卷的工艺流程；学生通过理论学习能够对奶香花卷进行制作；培养学生热爱专业、养成良好的职业道德习惯和勤学苦练的优良学风。

三、产品配方

高筋粉 150 克、低筋粉 450 克、白糖 40 克、蛋清 25 克、牛奶 120 克、温水 100 克、奶香粉适量、椰浆 25 克、酵母 6 克、泡打粉 5 克。

四、主要设备与器具

和面机、蒸箱、醒箱、电子秤、量杯、刮板、擀面棍、油刷、馅匙等。

五、制作过程

（1）和面：和面制成生物膨松面团。

（2）揉面、醒面：揉成光滑面团，醒 15 分钟。

（3）搓条、下剂：取出面团，揪成每个重 50 克的面剂子；案板表面刷上色拉油，将面剂子搓成长条，放在案板上，表面刷上色拉油，盖上保鲜膜。

（4）成型：将长条面搓长，搓细，放在案板上，4 根长条面为一组，摆在一起，表面刷上色拉油，盖上保鲜膜。取出一组长条面，抻长，压平，从一端向另一端卷起。蒸屉表面刷上色拉油，将蒸屉放入锅内，将花卷放在上面，盖上锅盖，进行醒发，醒发 30 分钟左右。

（5）熟制：盖上锅盖，进行蒸制，蒸制大约 20 分钟。

六、评价标准

色泽洁白，形态半圆状，光亮润滑，暄软，鲜香气浓。

七、技术要领

（1）醒发要适度个头大小要一致。

（2）形状要美观。

（3）注意蒸制火候。

八、拓展任务

调制面团时加入蒸熟南瓜等果蔬以增加口味。

九、营养特点

相比普通花卷，奶香花卷中添加了牛奶，营养有所提升，是一款很好的主食。

奶香花卷

任务十三 奶油吉利糕

一、产品简介

奶油吉利糕是传统美食马拉糕的改良品种。马拉糕是传统的广式点心，又叫作古法马拉糕。马拉糕是广东茶楼里常见的点心之一，正宗马拉糕由面粉、鸡蛋、猪油、牛油混合发酵三日，最后放在蒸笼蒸制而成。奶油吉利糕的制作更简化，装盘精美，口味独特，呈金黄色，新鲜吃时非常膨松、柔软，带有轻微的香味。

二、实训目的

使学生了解膨松面团的特性及形成原理，掌握制作奶油吉利糕的工艺流程；学生通过理论学习能够对奶油吉利糕进行制作；培养学生热爱专业、养成良好的职业道德习惯和勤学苦练的优良学风。

三、产品配方

低筋粉 300 克、白糖 400 克、鸡蛋 600 克、牛奶 120 克、奶香粉 2 克、泡打粉 3 克、吉士粉 15 克、黄奶油 70 克、老面 80 克。

四、主要设备与器具

和面机、蒸箱、醒箱、电子秤、量杯、刮板、擀面棍、油刷、专用模具等。

五、制作过程

（1）和面：和成物理膨松面团。
（2）拌合：将干性原料拌合，顺一个方向拌匀。
（3）灌模：在特制花盏中灌入浆料，8 分满。
（4）成型：在其表面撒上蜜饯、干果装饰。
（5）熟制：盖上锅盖，进行蒸制，蒸制大约 20 分钟。

六、评价标准

色泽金黄，润滑，暄软，奶香浓郁。

七、技术要领

（1）灌模要大小一致。
（2）注意蒸制火候。

八、拓展任务

调制面团时加入蒸熟南瓜等果蔬以增加口味。

奶油吉利糕

九、营养特点

奶油吉利糕是一款美味的点心，油脂和糖含量相对较高，不宜作主食食用。

任务十四 笑口枣

一、产品简介

笑口枣为圆球形，实心，外裹芝麻，表面有一裂口。有大小两种。大的每千克 24 只，小的如桂圆大小。笑口枣是广州的油炸小吃品种，因其经油炸后上端裂开而得名。笑口枣香甜暄酥，十分可口。广州一般的吃早茶的地方，都有笑口枣，同时笑口枣也是广州人春节必备年货之一。

二、实训目的

使学生了解膨松面团的特性及形成原理，掌握制作笑口枣的工艺流程；学生通过理论学习能够对笑口枣进行制作；培养学生热爱专业、养成良好的职业道德习惯和勤学苦练的优良学风。

三、产品配方

低筋粉 250 克、白糖 80 克、牛奶 50 克、饴糖 40 克、黄奶油 50 克、小苏打 1 克、泡打粉 2 克、白芝麻适量。

四、主要设备与器具

和面机、电炸炉、电子秤、量杯、刮板、擀面棍、油刷等。

五、制作过程

（1）和面：将面粉、泡打粉、小苏打混均匀，开面窝，在面窝中放入糖、油、牛奶、饴糖搅和，用堆叠法和成化学膨松面团。

（2）醒面：醒15分钟。

（3）下剂：取出面团，揪成每个重10克的面剂，搓圆，盖上保鲜膜。

（4）成形：将圆剂滚水裹上白芝麻。

（5）熟制：油温160℃、炸成金黄色。

六、评价标准

色泽金黄，酥脆甜香。

笑口枣

七、技术要领

（1）和面采用堆叠法，不可久揉成筋。

（2）裹上芝麻后将其压紧，避免油炸时掉芝麻。

（3）注意炸制油温火候。

八、拓展任务

调制面团时加入橙皮丁可增加清香口味。

九、营养特点

本款制品中糖、油脂含量较高，作为休闲点心食用，不宜作为主食。

任务十五 蜂巢蛋糕

一、产品简介

蜂巢蛋糕是综合中西面点制作工艺创新的一款点心，其色泽诱人，味道香甜，表面呈蜂窝状。

二、实训目的

使学生了解膨松面团的特性及形成原理，掌握制作蜂巢蛋糕的工艺流程；学生通过理论学习能够对蜂巢蛋糕进行制作；培养学生热爱专业、养成良好的职业道德习惯和勤学苦练的优良学风。

三、产品配方

低筋粉400克、炼乳640克、鸡蛋480克、蜂蜜320克、小苏打20克、热水640克、液态酥油 700 克。

四、主要设备与器具

和面机、蒸箱、醒箱、电子秤、量杯、刮板、手动搅拌器、油刷、专用模具等。

五、制作过程

（1）制作面糊：蜂蜜、炼乳、液态酥油、全蛋混合均匀，加入过筛的低筋面粉拌匀，将细砂糖与水混合加热至糖溶化后冷却加入面糊中拌匀，用少量水将苏打溶解后加入面糊拌匀。

（2）醒置、熟制：醒置 50 分钟后装模，入蒸箱蒸制 20 分钟。

六、评价标准

色泽棕红，暄软，奶香浓郁。

七、技术要领

（1）水糖加热温度在 90℃以上。

（2）注意蒸制火候。

（3）成品蒸制成熟后趁热脱模。

八、拓展任务

调制面糊时加入干果可增加口味。

九、营养特点

蜂巢蛋糕配方中含有乳制品和鸡蛋，能够提供优质蛋白质。蜂蜜具有抗菌消炎、润肠通便、提高免疫力、改善睡眠、抗疲劳、润肺止咳等诸多功能。不足之处是液态酥油用量较大，含有较多的饱和脂肪。

蜂巢蛋糕

中式面点
制作

项目四
油酥面团模块

基础理论

油酥面团是指以面粉和油脂为主要原料，再配合一些水及辅料（如鸡蛋、白糖、化学膨松剂）调制而成的面团，其成品具有膨大、酥松、分层、美观等特点。根据其制品的特点不同，油酥面团可分为混酥面团和层酥面团。

一、混酥面团制品的制作工艺

（一）混酥面团制作的基本知识

混酥面团一般由面粉、油脂、糖、鸡蛋及适量的化学膨松剂等原料调制而成。混酥面团多糖、多油脂，用少量鸡蛋，一般不加水（或加入极少量水），面团较为松散，无层次，无弹性和韧性，但具有酥松性，如甘露酥，开口笑等品种。

（二）混酥面团的成团原理

混酥面团的酥松，主要是由面团中的面粉和油脂等原料的性质决定的。油脂本身是一种胶性物质，具有一定的黏性和表面张力，面团中加入油脂后面粉颗粒被油脂包围，并牢牢地与油脂黏合在一起，阻碍了面粉吸水，从而限制了面筋的生成。调制混酥面团时常常添加适量的化学膨松剂，如小苏打、泡打粉、臭粉等，借助膨松剂受热产生的气体来补充面团中气体含量的不足，增大制品的酥松性，这就是混酥面团的成团原理。

（三）混酥面团的调制方法

一般采用油糖调制法，方法是面粉过筛置于案板上开窝（开较大的窝），加入糖、油搅拌至糖溶化，再分次加入鸡蛋，搅拌均匀，用堆叠法调制成面团。如有化学膨松剂加入，参考化学膨松剂面团的调制方法。

（四）混酥面团的调制要点

（1）面粉多选用低筋面粉，这样形成的面筋少，可以增加酥松性。

（2）调制面团时应将油、糖、蛋等充分乳化，再拌入面粉和成面团，乳化越充分，形成的面团就越细腻柔软。

（3）调制面团时速度要快，多采用堆叠法，尽量避免揉制，以减少面筋的生成。

（4）和好的面团不宜久放，否则会生筋、出油，影响成品质量。

二、层酥面团制品的制作工艺

（一）层酥面团制品制作的基本知识

1. 层酥面团的构成

凡是制品有层次的都称为层酥。层酥面团由性质完全不同的两块面团构成，一块面团称为皮面，又称水油面，主要是以油、水和面粉为主要原料调制而成；另一块面团称为干油酥，直接用油脂和面粉搓擦而成。水油面与干油酥经包裹、起酥，形成层层相隔的组织结构，加热成熟后制品自然分层，体积膨胀，口感酥松。

2. 层酥面团形成及起酥原理

层酥面团形成及起酥原理是干油酥与水油面共同作用的结果。

（1）干油酥是油脂和面粉调制成的面团。油脂本身是一种胶性物质，具有一定的黏性和表面张力，面团中加入油脂后，面粉颗粒被油脂包围，并牢牢地与油脂黏合在一起。在面团调制时，经反复搓擦扩大面粉颗粒之间的距离，空隙中充满空气，经加热，气体受热膨胀，使制品酥松。油酥面团松散性、可塑性好，没有弹性、韧性、延伸性，不能单独使用，必须和水油面配合使用。

（2）水油面面粉中的蛋白质易吸水形成面筋，具有一定筋力，但又不能吸收足够的水分而使筋性太强，因而形成的面团既有一定筋性又有良好的延伸性。由于油脂的隔离作用，制品经加热后，水皮和油皮分层，就形成了层酥类特有的造型和酥松口感。

3. 层酥面团的调制

调制层酥面团需要三个步骤：首先要调制水油面，再调制油酥面，然后将两种面团包裹、折叠、擀制在一起，也就是开酥的过程。

（1）油酥面的调制。

面粉过筛后置于案板上，左手拿刮板，加入油脂，用右手掌跟由内向外层层推、搓、擦，边擦边用刮板将面粉刮到一起，至无面粉颗粒、无白干粉、面团细腻光滑即可。如选用液态油脂，则需先调和再搓擦。

（2）水油皮的调制。

层酥面团根据皮料的不同可分为水油酥皮、水面酥皮、酵面酥皮和擘酥皮等。水面酥皮是用冷水面包油酥面制成的，擘酥皮是用油酥面包冷水面制成的（广式点心制作中较为常用），水油酥皮是用水油面包油酥面制成的，酵面酥皮是用发酵面包油酥面制成的。

冷水面团的调制我们前面已经介绍过，水油面的调制与冷水面团的调制基本相同，只是在拌粉前，要先将油和水充分搅拌乳化。具体方法是：将面粉置于案板上开窝，放入油、水，先将油和水充分搅拌乳化，然后由里向外调和揉至成团，反复揉制使面团细腻、光滑、柔韧，盖上湿布稍醒即可使用。发酵面团的调制前面我们也介绍过，只不过在制作酵母酥皮时需要在面团调制时或发酵完成时揉入少量油脂。

（3）开酥。

开酥又称包酥、起酥，是指将油脂面包入水油面中，经擀、叠、卷等形成带有层次的酥皮的加工过程。开酥方法一般有两种，即大包酥和小包酥。

①大包酥。大包酥是指用一大块水油面包上一大块油酥，经过开酥形成带有层次的酥皮。大包酥一次可制作十几个甚至几十个面剂，主要用于对酥层要求不高的制品或大批量生产的制品。其优点是速度快、效率高；缺点是酥层不均匀，相对来说质量较差。

②小包酥。小包酥与大包酥的方法基本相同，只是用一小块水油面包上一小块油酥面，一次可制一个至几个剂子，制作速度慢。其特点是酥层均匀、层次清晰、面皮光滑、不易破裂；缺点是速度慢，效率低。一般用来制作特色品种。

（4）酥皮的表现形式。

酥皮的种类较多，由于开酥的方法不同，形成的酥皮层次也不相同，根据酥皮的表现形式不同，可以分为明酥、暗酥、半暗酥三种。

①明酥。明酥是指制品表面有层次、酥层外露的层酥制品。由于具体制作方法不同，明酥又分为圆酥、直酥。

a. 圆酥：圆酥是指制品表面层次呈圆形的明酥。圆酥多采用大包酥的开酥手法，经擀制后卷成圆筒，用快刀切成面剂，竖放在案板上，擀成圆皮包馅即可。如龙眼酥、苹果酥、眉毛酥、酥盒等。

b. 直酥：从制品表面能看到直线层次的称为直酥。具体制法是在圆酥的基础上将剂子用快刀从中间顺长对剖成两个剂子，再擀成皮子。包制时有层次的一面作为面子，无层次的一面作为里子。如萱花酥、金枣酥、玉带酥、燕窝酥、海参酥等。

②暗酥。暗酥是指制品表面没有层次，只能在制品内部显现层次的层酥制品。它的制作有以下两种方法：一种是用卷酥的方法，将酥皮卷成圆筒，再按品种要求用手揪成面剂，或刀切成面剂，将剂子平放在案板上，用手按扁或擀成圆皮，包入馅心，收口时将两边切面的层次收到生坯底部，从而使制品的表面没有层次。

③半暗酥。半暗酥是指制品一面有层次、一面层次隐藏在制品内部的层酥制品。制法是在圆酥的基础上，用快刀下剂竖放在案板上，用手与案板呈 45° 角斜切下去，形成半边有层次、半边没有层次的圆皮，再包馅成型，即成半暗酥生坯。半暗酥多用来制作蔬果类的花色酥点。

（二）层酥面团的调制要点

1. 油酥面调制要点

（1）油脂多选用动物油脂，因为动物油脂呈片状或薄膜状，结合空气多，开酥效果好。猪油色泽洁白、凝固性好、含水量低，应用也最为广泛。

（2）油量适当，面粉与油脂的比例一般为 2∶1。油量多，油酥面发软，开酥时边缘易堆积，制品酥层不匀；油量少，面团发硬松散，开酥时易破酥。油量的多少和很多因素有关，如筋力强的面粉用油量多，冬季用油量多等。

2. 水油面调制要点

（1）严格掌握用料比例，一般油量是面粉的 10% ～ 30%，水量是面粉的 40% ～ 50%。水多油少，面团筋性大、酥性差，面团发软，开酥时酥层易粘连，从而影响制品的质量；水少油多，面团筋性大、延展性差，面团发硬，开酥时已破酥，制品酥层易破碎。油脂用量也受季节、面粉等因素影响，筋力强的面粉用油量多；冬季用油量多，夏季用油量少；一般明酥的用油量要比暗酥用油量少；一般烤制制品的用油量比炸制制品的用油量多。

（2）水油等原料要充分乳化后再拌入面粉和成面团，否则面团有的地方吸水多，有的地方吸油多，从而使面团的整体性质不一致。

（3）水油面成团后要反复揉匀、揉透，面团光滑细腻后盖上湿布醒制。

（4）传统中式面点多用猪油，现在也多用黄油，清真点心用植物油。为便于操作，可将猪油或黄油加热软化，但不可使其溶化，否则起酥效果差，特别是现在工业化生产的各种人造油脂，含水量较大，溶化后油水分离，会改变其原有的组织结构，效果差。

3. 开酥的工艺要点

（1）灵活掌握水油面和油酥面的比例。水油面少，油酥面多，开酥时易破酥、露馅，剂子易翻硬，制品层次易碎散；水油面多，油酥面少，制品层次不清晰，口感不酥松。

（2）水油面与油酥面的软硬要一致。水油面软，油酥面硬，开酥时易破酥；水油面硬，油酥面软，开酥时油酥面易向两边堆积，导致制品酥层不匀、不清晰。

（3）开酥时双手要用力均匀，轻重适当，保证酥皮薄厚一致，制品层次均匀。

（4）尽量少用或不用干面粉，以防止酥层粗糙、酥皮破裂，影响制品质量。

（5）卷筒时要卷紧，否则制品成熟时酥皮会分离、脱壳。

（6）大包酥剂子下好后要盖上湿布，并且操作速度要快，否则剂子翻硬会影响成型，甚至不

能成型。

（7）开酥时若采用大包酥，水油面和油酥面都应稍软，如采用小包酥则两种面团都应稍硬。

（8）下剂时一般采用切剂的方法，同时要保证刀刃锋利，避免刀口粘连，影响制品层次，特别是明酥制品。

（9）制作明酥时，包馅成型后应选酥层清晰的一面做面，不清晰的一面做里。

任务一 莲蓉蛋黄酥

一、产品介绍

色泽金黄诱人的莲蓉蛋黄酥以咸鸭蛋黄、莲蓉配制成咸香馅心，再配以层次分明、异常松化、做工精细的酥皮，吃完后淡淡的蛋黄味让人食欲大开。莲蓉蛋黄酥中的莲蓉是以红白莲子为主要原料制作。莲蓉蛋黄酥含有丰富的蛋白质、碳水化合物及人体所需的多种维生素、矿物质，是老友皆宜的一道美味，食用时配上一杯热茶更有助于消化。

二、实训目的

使学生了解层酥面团的特性及形成原理，掌握制作莲蓉蛋黄酥的工艺流程；学生通过理论学习能够对莲蓉蛋黄酥进行制作；培养学生热爱专业、养成良好的职业道德习惯和勤学苦练的优良学风。

三、产品配方

（1）皮面料：面粉 500 克、黄油 50 克、温水适量。

（2）酥面料：低筋面粉 300 克、猪油 75 克、黄油 75 克。

（3）馅料：莲蓉馅、咸鸭蛋黄若干。

四、主要设备与器具

和面机、烘烤炉、电子秤、量杯、刮板、擀面棍、油刷、蛋刷等。

五、制作过程

（1）调制皮面：首先调制皮面，醒 20 分钟，然后擦酥待用。

（2）开酥：皮面下剂，每个 15 克；酥下剂，每个 12 克。采用小包酥方法，醒 5 分钟。

（3）成型：将开好酥的面坯擀成厚 3 毫米的大片，然后包入称量好的莲蓉馅及鸭蛋黄，收严剂口，包成圆形，表面刷蛋黄液，撒黑芝麻。

（4）熟制：烤箱预热，上火 190℃、下火 170℃，入炉烘烤 18 分钟，色泽金黄即可。

六、评价标准

色泽金黄，酥层清晰，蛋香可口。

七、技术要领

（1）开酥时尽量不要破酥。

（2）擦好的酥要与皮面软硬一致再开酥。

（3）注意馅心的用量。

八、拓展任务

皮面可以加入菠菜汁、火龙果汁调色，制作不同色泽口味的产品。

九、营养特点

此款蛋黄酥中加入了莲蓉，莲蓉具有益肾固精、补脾止泻、养心安神、降血压、清心火的功能。蛋黄酥中油脂含量较高，每日食用量应控制在2个以内。

莲蓉蛋黄酥

任务二 莲藕酥

一、产品介绍

莲藕生于污泥而一尘不染，中通外直，不蔓不枝，自古就深受人们的喜爱。莲藕酥取其寓意，其色泽洁白诱人，以层次分明、异常松酥、做工精细的酥皮包入各种馅心成型炸制而成，是一款老少皆宜的美食。

二、实训目的

使学生了解层酥面团的特性及形成原理，掌握制作莲藕酥的工艺流程；学生通过理论学习能够对莲藕酥进行制作；培养学生热爱专业、养成良好的职业道德习惯和勤学苦练的优良学风。

三、产品配方

（1）皮面料：低筋粉400克、黄油30克、猪油35克、温水适量。

（2）酥面料：蒸熟面粉300克、猪油150克、黄油150克。

（3）馅料：白莲蓉馅适量。

四、主要设备与器具

和面机、油炸炉、电子秤、量杯、刮板、擀面棍、油刷、蛋刷等。

五、制作过程

（1）调制皮面：首先调制皮面，醒20分钟，然后擦酥放入冰箱待用。

（2）开酥：采用3×3的开酥方法，每开一次酥放冰箱冷冻15分钟。

（3）成型：将开好酥的面坯擀成3毫米厚的大片，然后切成宽6厘米的长方形，五片表皮刷蛋清码叠在一起；冷冻后切片，擀成长 15 厘米的片剂，改刀切成梯形，中心放入搓制成形的馅心，从左向右卷实；用蛋清粘合接口，裹上白芝麻，再用面塑刀压出藕瓣裹上海苔丝。

（4）熟制：油温 130℃炸制，色泽洁白即可。

六、评价标准

形如莲藕，色泽洁白，酥层清晰，香甜适口。

七、技术要领

（1）开酥时要每开一次酥放冰箱冷冻 15 分钟。

（2）擦好的酥要冻硬以后再开酥。

（3）注意馅心的用量。

八、拓展任务

馅心可以用红糖、猪排为馅，制作不同口味的产品。

莲藕酥

九、营养特点

莲藕酥属于起酥类食品，其中油脂含量较高，作为佐餐点心每日食用量应控制在 2 个以内，不宜作为主食。

任务三 榴莲酥

一、产品介绍

金黄诱人的榴莲酥是以新鲜榴莲果肉配制的软滑馅心，配以层次分明、异常松化、做工精细的酥皮制作的点心。吃完后淡淡的榴莲味令人回味。榴莲酥以泰国的最地道，近年来由于泰国旅游热的兴起，榴莲酥也逐渐被中国人接受并喜爱。榴莲酥也是广州早茶中常有的一道美味。

榴莲是营养价值较高的水果，除含有很高的糖分（13%）外，还含淀粉 11%、蛋白质 3%，还有多种维生素、脂肪、钙、铁和磷等。泰国人病后、妇女产后均以榴莲补养身子。当地人视榴莲为“热带果王”。

二、实训目的

使学生了解层酥面团的特性及形成原理，掌握制作榴莲酥的工艺流程；学生通过理论学习能够对榴莲酥进行制作；培养学生热爱专业、养成良好的职业道德习惯和勤学苦练的优良学风。

三、产品配方

（1）皮面料：面粉 500 克、黄油 50 克、鸡蛋 1 个、温水适量。

（2）酥面料：低筋面粉 300 克、猪油 300 克、黄油 300 克。

（3）馅料：菠萝肉、榴莲肉若干。

四、主要设备与器具

和面机、烘烤炉、电子秤、量杯、刮板、擀面棍、油刷、蛋刷等。

五、制作过程

（1）调制皮面：首先调制皮面，醒 20 分钟，然后擦酥放入冰箱待用。

（2）开酥：采用 3×3×4 的开酥方法，每开一次酥放冰箱冷冻 15 分钟。

（3）制馅：菠萝去皮切丁，然后加入砂糖，放入锅中炒，最后勾芡。榴莲去皮，去籽，搅成蓉状，加入适量白糖即可。

（4）成型：将开好酥的面坯擀成 3 毫米厚的大片，然后切成 8 厘米 ×8 厘米的正方形，也可以用手按成圆形；一头抹馅心，另一头抹蛋液，然后卷起，表面刷蛋液，蘸芝麻。

（5）熟制：烤箱预热 200℃，烤至色泽金黄即可。

六、评价标准

色泽金黄，酥层清晰，香甜适口

七、技术要领

（1）开酥时要每开一次放冰箱冷冻 15 分钟。

（2）擦好的酥要冻硬以后再开酥。

（3）注意馅心的用量。

八、拓展任务

榴莲酥通过更换馅心，如菠萝、木瓜等变换口味；也可在形状上进行创新，如剪成榴莲形、圆形、长方形等。通过造型变化、馅心变化、装饰料变化可以变换出众多花样。

莲藕酥

九、营养特点

榴莲酥属于起酥类食品，其中油脂含量较高，作为佐餐点心每日食用量应控制在 2 个以内，不宜作为主食。

任务四 金鱼酥

一、产品介绍

金鱼形态优美，很受人们的喜爱，是我国特有的观赏鱼。金鱼至今仍向世人演绎着动静之间美的传奇。金鱼在我国民间还有另外一种说法：到过年的时候家里买上两条金鱼供养，来年可金玉满堂、年年有余。金鱼酥取其寓意，其色泽洁白诱人，以层次分明、异常松酥、做工精细的酥皮包馅心炸制而成，是一款节日庆典不可缺少的美食。

二、实训目的

使学生了解层酥面团的特性及形成原理，掌握制作金鱼酥的工艺流程；学生通过理论学习能够对金鱼酥进行制作；培养学生热爱专业、养成良好的职业道德习惯和勤学苦练的优良学风。

三、产品配方

（1）皮面料：低筋粉 250 克、黄油 30 克、猪油 35 克、温水适量。

（2）酥面料：蒸熟面粉 200 克、猪油 100 克、黄油 50 克。

（3）馅料：白莲蓉馅若干。

四、主要设备与器具

和面机、油炸炉、电子秤、量杯、刮板、擀面棍、油刷、蛋刷等。

五、制作过程

（1）调制皮面：首先调制皮面，醒 20 分钟，然后擦酥放入冰箱待用。

（2）开酥：采用 3×3 的开酥方法，每开一次酥放冰箱冷冻 15 分钟。

（3）成型：将开好酥的面坯擀成 3 毫米厚的大片，然后切成 6 厘米 ×6 厘米的正方形，五片表皮刷蛋清码叠在一起；冷冻后切片，擀成长 15 厘米的片剂，厚度为 2 毫米；将馅心放于片剂 1/2 处，一面向上叠起捏严包住馅心，在 1/2 处用焯水的香菜梗绑实，用剪刀剪成燕尾形。

（4）熟制：油温 130℃炸制，色泽洁白即可。

（5）装饰：出锅后用吸油纸吸油后，装饰眼睛、嘴即可。

六、评价标准

色泽洁白，酥层清晰，香甜适口。

七、技术要领

（1）开酥时要每开一次放冰箱冷冻 15 分钟。

（2）擦好的酥要冻硬以后再开酥。

（3）注意控制炸制油温。

八、拓展任务

酥面颜色和装饰可以变化。

金鱼酥

九、营养特点

金鱼酥属于起酥类食品，其中油脂含量较高，作为佐餐点心不宜多食。

任务五 千层萝卜酥

一、产品介绍

千层萝卜酥是中国比较有名的一种点心，不仅外形美观，同时馅料也富有营养，以层次分明、

异常松酥、做工精细的酥皮包馅心炸制而成，是一款节日庆典不可缺少的美食。

二、实训目的

使学生了解层酥面团的特性及形成原理，掌握制作千层萝卜酥的工艺流程；学生通过理论学习能够对千层萝卜酥进行制作；培养学生热爱专业、养成良好的职业道德习惯和勤学苦练的优良学风。

三、产品配方

（1）皮面料：中筋粉 250 克、鸡蛋 1 个、黄油 25 克、温水 125 克。

（2）酥面料：低筋粉 200 克、猪油 150 克、黄油 50 克。

（3）馅心：白萝卜 500 克、火腿 100 克、香葱 50 克、调料适量。

（4）表面用料：芝麻适量。

四、主要设备与器具

和面机、油炸炉、电子秤、量杯、刮板、擀面棍、油刷、蛋刷等。

五、制作过程

（1）皮面制作：将中筋粉倒在案板上，中间开窝，打入 1 个鸡蛋，加入黄油、温水，和成面团，醒制 15 分钟。

（2）酥面制作：将猪油放在案板上，放入黄油，加入低筋粉，搓成油酥面团；用刮板挤压成长方形，冷冻 15 分钟。

（3）馅心调制：将白萝卜切成片，改刀成丝；将火腿切成片，改刀成丝；将香葱从中间切开，切成葱末；将白萝卜丝放入开水中焯熟，捞出，放入冷水中投凉，将水攥干；把姜切成片，改刀成丝，再切成姜末。用筷子将萝卜丝搅散，加入鸡精、味精、花椒面、精盐，搅拌均匀；放入火腿丝搅拌，放入葱花，放入色拉油，搅拌均匀。

（4）开酥：取出皮面，用擀面杖擀成面片，放上酥面，包住，捏严收口，用擀面杖击打面团，使油酥分布均匀；用走锤擀成薄片，折叠成三层，放入平盘内，盖上保鲜膜，冷冻 15 分钟，重复操作三遍。取出生坯，用走锤擀成长方形薄片，用刀切成长方形面片；刷上清水，将面片粘在上面，粘 7 ～ 8 层；用刀从中间切开，用手将四周挤压整齐，在另一侧用刀切成面片，将面片擀薄，包入萝卜馅。

（5）熟制：生坯蘸取蛋液，粘上芝麻。将生坯放入勺内油炸，炸到表面呈金黄色即可。

千层萝卜酥

六、评价标准

层次清晰，咸香适口。

七、技术要领

注意皮面醒面和酥面冷冻。

八、拓展任务

馅心可以变化成其他蔬菜，同时外形也做相应改变。

九、营养特点

千层萝卜酥属于起酥类食品，其中油脂含量较高，作为佐餐点心不宜多食。

任务六 糖酥饼

一、产品介绍

糖酥饼是中国传统的民间小吃，是层酥类面点品种的代表品种。糖酥饼由两块性质完全不同的两块面团构成，具有层次清晰、香甜适口的特点。

二、实训目的

使学生了解层酥面团的特性及形成原理，掌握制作糖酥饼的工艺流程；学生通过理论学习能够对糖酥饼进行制作；培养学生热爱专业、养成良好的职业道德习惯和勤学苦练的优良学风。

三、产品配方

（1）皮面料：面粉 500 克、豆油 50 克、温水 250 克。

（2）酥面料：面粉 350 克、豆油 175 克。

（3）馅心：白糖 200 克、熟面粉 70 克、熟芝麻 50 克。

四、主要设备与器具

和面机、烘烤炉、电子秤、量杯、刮板、擀面棍、油刷、蛋刷等。

五、制作过程

（1）调制皮面：调制皮面，醒面 15 分钟。

（2）擦酥：擦酥待用。

（3）开酥：将皮面包入酥面，然后擀成 3 毫米厚的大片，卷成圆筒状即可。

（4）下剂：每个 50 克。

（5）包馅：包入糖馅，表面刷上蛋液，撒上芝麻。

（6）熟制：烘烤炉上火 220℃、下火 220℃，烘烤至金黄色即可。

糖酥饼

六、评价标准

大小一致，色泽金黄，层次清晰。

七、技术要领

（1）开酥时要卷紧。

（2）皮面和酥面的软硬要一致。

八、拓展任务

糖酥饼的馅料和装饰可以进行变化。

九、营养特点

糖酥饼属于起酥类食品，其中油脂和糖含量较高，每日食量应控制在 2 个以内，糖尿病、高血糖、高血脂患者不宜食用。

任务七 番茄手撕饼

一、产品介绍

番茄手撕饼是综合中西面点技术，在传统水调面团基础上进行改良，加入西点中的起酥片油，以增加起酥性、改善口味的创新品种。

二、实训目的

使学生了解层酥面团工艺的特性及形成原理，掌握制作番茄手撕饼的工艺流程；学生通过理论学习能够对番茄手撕饼进行制作；培养学生热爱专业、养成良好的职业道德习惯和勤学苦练的优良学风。

三、产品配方

（1）皮面料：中筋粉 500 克、盐 2 克、黄油 30 克、牛奶 250 克、鸡蛋 50 克。

（2）酥面料：奶味起酥油片 150 克。

（3）淋酱：番茄酱适量，炼乳适量。

四、主要设备与器具

和面机、案台、电炸锅、电子秤、量杯、刮板等。

五、制作过程

（1）制面团：将中筋粉开面窝备用。面窝中加入加热至50℃的牛奶，放入鸡蛋、黄油、盐拌均匀，与面粉合成有筋力光滑的面团。

（2）醒面：面团醒制 20 分钟备用。

（3）加油片：将皮面面团擀成长方形片剂，奶味起酥油片放在片剂中心 1/3 处，两面向中心处叠起和实。

（4）卷筒冷冻：面案带少许浮面，皮酥通过 2 至 3 次擀叠成厚薄均匀的长方形片剂，从上向卷起成圆筒形冷冻备用。

（5）成型：将冷冻好的筒形面坯切割成每个重量 180 克的剂子，擀成 2 毫米厚的圆形片剂。

（6）熟制：电饼铛温度 190℃，烙制成两面金黄色即可。出锅后表面刷炼乳，抹匀番茄酱，用手抓散起酥装盘。

六、评价标准

色者金黄，层次清晰，口感香甜。

七、技术要领

（1）入冰箱冷冻不可时将过长，以防制作时切制破碎。

（2）烙制后趁热抓起，以防凉后过脆层次不清晰。

八、拓展任务

表面抹不同淋酱，增加不同风味。

番茄手撕饼

九、营养特点

番茄手撕饼添加了乳制品、鸡蛋，鸡蛋、乳制品，和面粉中的蛋白质可以实现互补，提高了营养价值。缺点是油脂用量较多，且为饱和脂肪，不利于心脑血管健康，热量较高。

任务八 起酥软麻花

一、产品介绍

起酥软麻花是综合中西面点技术，在传统生物膨松面团基础上进行改良，加入西式面点中的起酥片油，增加起酥性、改善口味的创新品种。

二、实训目的

使学生了解层酥面团工艺的特性及形成原理，掌握起酥软麻花的工艺流程；通过理论的讲授能够对起酥软麻花进行制作；培养学生热爱专业、养成良好的职业道德习惯和勤学苦练的优良学风。

三、产品配方

（1）皮面料：中筋粉 500 克、盐 2 克、黄油 30 克、牛奶 250 克、鸡蛋 50 克、砂糖 100 克、酵母 5 克、泡打粉 3 克。

（2）酥面料：奶味起酥油片 110 克。

四、主要设备与器具

和面机、案台、炸锅、醒箱、电子秤、量杯、刮板等。

五、制作过程

（1）制面团：将中筋粉、酵母、泡打粉混合后开面窝备用。面窝中加入加热至 30℃的牛奶，放入鸡蛋、黄油、盐、砂糖拌均匀，与面粉和成有筋力光滑的面团。

（2）醒面：面团醒制 20 分钟备用。

（3）加油片：将面团擀成长方形片剂，奶味起酥油片放在片剂中心 1/3 处，两面向中心处叠起和实。

（4）制剂：面案带少许浮面，皮酥通过 2 至 3 次擀叠成厚薄均匀的长方形片剂，分割成每个 50 克的条剂。

（5）成型：两个条剂为一组，搓条上劲拧成麻花形。

（6）熟制：电炸锅温度 160℃，炸制成金黄色即可，出锅后表面撒砂糖码盘。

六、评价标准

色泽金黄，层次清晰，口感香甜。

七、技术要领

（1）皮酥要软硬一致，以防层次不清晰。

（2）出锅后趁热撒砂糖，以防凉后沾不上。

八、拓展任务

使用巧克力味起酥油片，增加不同风味。

九、营养特点

起酥软麻花属于油炸食品，在制作过程中包裹了较多的起酥油，油脂含量高，食用时应注意饱和脂肪和热量的摄入，控制食量。

起酥软麻花

任务九 叉烧酥

一、产品介绍

叉烧酥是广东的传统名点，属于粤菜系，由于是烘烤的，所以它比其他点心干，切开后露出叉烧馅料，散发出阵阵叉烧肉的香味。

二、实训目的

使学生了解层酥面团的特性及形成原理，掌握制作叉烧酥的工艺流程；学生通过理论学习能够对榴莲酥进行制作；培养学生热爱专业、养成良好的职业道德习惯和勤学苦练的优良学风。

三、产品配方

（1）皮面料：面粉 500 克、黄油 50 克、鸡蛋 1 个、温水适量。

（2）酥面料：低筋面粉 300 克、猪油 250 克、黄油 250 克。

（3）馅料：猪里脊肉 500 克、盐 5 克、味精 3 克 、绵白糖 10 克，花雕酒、鸡粉、胡椒粉、姜末、老抽、骨汤适量，叉烧酱适量。

（4）面捞芡：生粉 50 克、粟粉 50 克、水 300 克、老抽 20 克、生抽 40 克、味素 20 克、砂糖 35 克、番茄酱 30 克、蚝油 50 克

四、主要设备与器具

和面机、烘烤炉、电子秤、量杯、刮板、擀面棍、油刷、蛋刷等。

五、制作过程

（1）调制皮面、擦酥：首先调制皮面，醒 20 分钟，然后擦酥放入冰箱待用。

（2）开酥：采用 3×3×4 的开酥方法，每开一次酥放冰箱冷冻 15 分钟。

（3）制馅：将馅料腌制入味，用专用烤炉烤熟，成熟后冷却切丁拌入熬制后的面捞芡。

（4）成型：将开好酥的面坯擀成 3 毫米厚的大片，然后切成 8 厘米 ×8 厘米的正方形，也可以用手按成圆形，一头抹馅心，另一头抹蛋液，然后卷起，表面刷蛋液，蘸芝麻。

（5）熟制：烤箱预热至 200℃，烤至色泽金黄即可。

六、评价标准

色泽金黄，酥层清晰，咸香适口。

七、技术要领

（1）开酥时要每开一次放冰箱冷冻 15 分钟。

（2）擦好的酥要冻硬以后再开酥。

（3）注意馅心拌入面捞芡的黏稠度。

八、拓展任务

叉烧酥通过造型变化、馅心变化、装饰料变化可以变换出众多花样。

叉烧酥

九、营养特点

叉烧酥属于起酥类食品，在制作过程中油脂用量较大，且为饱和脂肪，应该控制食用量，防止饱和脂肪和热量摄入过多。

任务十 苹果酥

一、产品介绍

苹果酥是一种象形明酥类点心，不仅外形美观，同时馅料也富有营养，以异常松酥、做工精细的酥皮包馅心炸制而成，是一款节日庆典不可缺少的美食。

二、实训目的

使学生了解明酥面团的特性及形成原理，掌握制作苹果酥的工艺流程；学生通过理论学习能够对苹果酥进行制作；培养学生热爱专业、养成良好的职业道德习惯和勤学苦练的优良学风。

三、产品配方

（1）皮面料：雪花粉 350 克、美玫粉 150 克、猪油 30 克、黄油 20 克、温水 230 克。

（2）酥面料：低筋粉 300 克、猪油 150 克、黄油 30 克。

（3）馅心：白莲蓉适量。

（4）表面用料：薄荷叶若干。

四、主要设备与器具

和面机、油炸炉、电子秤、量杯、刮板、擀面棍、走锤，油刷、蛋刷等。

五、制作过程

（1）调制皮面面团：将雪花粉和美玫粉倒在案板上，中间开窝，加入猪油、黄油、温水，和成面团，醒制 15 分钟。

（2）调制酥面面团：将猪油放在案板上，放上黄油，加入低筋粉，搓成油酥面团，用刮板挤压成长方形，冷冻 15 分钟。

（3）准备馅心：将白莲蓉分成每个重 15 克的剂子，整型备用。

（4）开酥：取出皮面面团，用擀面杖擀成面片，放上酥面，包住，捏严收口，用擀面杖击打面团，使油酥分布均匀；用走锤擀成薄片，折叠成三层，放入平盘内，盖上保鲜膜，冷冻 15 分钟，重复操作三遍；取出生坯，用走锤擀成长方形薄片，刷上清水，将面片折叠成三折，用刀平均分成四份，在其中三份表面刷清水摞在一起，用保鲜袋包好，放冰箱冷冻 15 分钟。

（5）包馅、成型：用刀切成面片，将面片擀薄，刷一层蛋液，包入莲蓉馅，制成苹果形。

（6）熟制：将生坯油炸，炸至表面层次清晰，不可上色。成品装盘，用薄荷叶简单装饰即可。

六、评价标准

层次清晰，咸香适口。

七、技术要领

开酥时注意冷冻面。

八、拓展任务

馅心可以变化成其他调制馅心，同时外形也做相应改变。

九、营养特点

苹果酥属于起酥类食品，油脂含量较高，可作为佐餐点心，不宜多食。

项目五
米粉面团模块

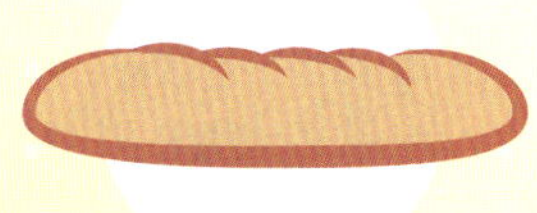

基础理论

米粉面团是指用米磨成的米粉与水及其他辅料调制而成的面团。常用的米粉有糯米粉、粳米粉和籼米粉三种。米粉面团根据调制的方式不同，可分为糕类粉团、团类粉团、发酵类粉团三种。

一、米粉面团形成原理

米粉的主要成分是蛋白质和淀粉。米粉中的蛋白质是谷蛋白和球蛋白，它们不能像面粉中的麦谷蛋白和麦胶蛋白那样吸水形成面筋；同时，米粉中的淀粉在冷水条件下不能吸水膨胀产生黏性。因此，用冷水调制的米粉面团没有弹性、韧性、延伸性，非常松散，不宜用其制皮包捏成形，所以，米粉面团一般不能用冷水调制。如果需要调制面团，只能用热水来调制，使米粉中的淀粉发生糊化产生黏性而成团，这就是米粉面团的形成原理。米粉面团不能用来发酵，因为面团膨松的两个必备条件是产气力和持气力，而米粉中的淀粉绝大多数都是酶活力低的支链淀粉，所以米粉面团不具备产气力。同时米粉中的谷蛋白和球蛋白不能吸水，不能形成面筋，不能包裹住气体，所以米粉面团不具备持气力。面团膨松的两个必备条件米粉面团都不具备，所以糯米粉、粳米粉一般不能用来制作发酵制品。但籼米在一定的条件下可以用来制作发酵制品，这是因为籼米中含有较多的直链淀粉，若再掺入糖、面肥等可增加酵母繁殖的养分，增强保持气体的能力，那么籼米粉就可以用来制作发酵制品。

二、米粉面坯与面粉面坯性质不同的原因

米粉面坯与面粉面坯不同性质的原因比较见表 5-1。

表 5-1　米粉面坯与面粉面坯不同性质的原因比较

种类	蛋白质	淀粉	结论
米粉面坯	谷蛋白、谷胶蛋白不能吸水，不能形成面筋	支链淀粉（胶淀粉）较多	无持气性，产气性较弱，一般不可以做发酵面团
面粉面坯	麦谷蛋白、麦胶蛋白能吸水，能形成面筋	直链淀粉（糖淀粉）较多	有持气性，产气性较强，可以做发酵面团

任务一
雨花石汤圆

一、产品介绍

雨花石汤圆是米粉面团的代表品种，因加入了可可粉，就使普通的汤圆变得有了色彩。雨花石汤圆放在水里，就像水润的雨花石，晶莹闪亮，透过水的折射，变化出不同的花纹。

二、实训目的

使学生了解米粉面团的特性及形成原理，掌握制作雨花石汤圆的工艺流程；学生通过理论学习能够对雨花石汤圆进行制作；培养学生热爱专业、养成良好的职业道德习惯和勤学苦练的优良学风。

三、产品配方

（1）皮面料：糯米粉 500 克、澄粉 100 克、猪油 10 克，抹茶粉适量、可可粉适量、温水适量。

（2）馅料：豆沙馅若干。

四、主要设备与器具

和面机、电磁炉、煮锅、电子秤、量杯、刮板等。

五、制作过程

（1）制皮面面团：将糯米粉、猪油用温水拌匀，澄粉烫熟，两者揉匀，制成光滑的皮面面团。

（2）分剂、包馅：将面剂分成两份。其中一份再分成均等两份，分别掺入抹茶粉、可可粉，调成抹茶面团及可可面团；另一份为原色面团，搓成长条。两块调色面团搓成长度一致的长条分别粘在原色长条的两面，再切成每个重 15 克的剂子，包入豆沙馅。

（3）熟制：开水锅中煮熟，放入冰糖水碗中即可。

六、评价标准

色彩亮丽，形如雨花石，软糯香甜。

七、技术要领

（1）调色要适量，不可过浓。

（2）包制时要注意手法，三种颜色的面团要分清，不要混色。

八、拓展任务

改变馅心口味，增加不同风味。

雨花石汤圆

九、营养特点

糯米具有补中益气、健脾养胃、止虚汗的功效，对脾胃虚寒、食欲不佳、腹胀腹泻有一定缓解作用，对尿频、盗汗也有较好的食疗效果。

任务二 糯米糍

一、产品介绍

糯米糍又称状元糍，是一种较为有名的点心食品。糯米糍以糯米粉为主料，辅以其他原料加工而成。糯米糍可食用、待客，还可以作为馈赠亲友的礼品。

二、实训目的

使学生了解米粉面团的特性及形成原理，掌握制作糯米糍的工艺流程；学生通过理论学习能够对糯米糍进行制作；培养学生热爱专业、养成良好的职业道德习惯和勤学苦练的优良学风。

三、产品配方

（1）皮面料：糯米粉 500 克、澄粉 100 克、猪油 100 克，椰蓉、果酱适量。

（2）馅料：豆沙馅。

四、主要设备与器具

和面机、电磁炉、蒸锅、电子秤、量杯、刮板等。

五、制作过程

（1）制皮面面团：将糯米粉、猪油用温水拌匀，澄粉加热水烫熟，两者揉匀，制成光滑的皮面面团。

（2）分剂、包馅：将混合后的面剂分成每个重 20 克的面剂，包入豆沙馅。

（3）熟制：蒸锅中蒸 12 分钟，然后滚粘椰蓉，中间按坑，挤入果酱。

六、评价标准

造型美观，软糯香甜。

糯米糍

七、技术要领

（1）糯米粉加水要适当。

（2）蒸熟后要立即滚粘椰蓉。

八、拓展任务

调皮面时加入抹茶粉，增加不同口味。

九、营养特点

糯米糍中猪油用量较多。猪油作为常用的动物性油脂，加工性能好，缺点是饱和脂肪含量高，不宜作为主要食用油脂。

任务三 香炸黄金球

一、产品介绍

香炸黄金球是油炸汤圆的一种，是传统汉族小吃，属于元宵节食品。香炸黄金球是用糯米粉做皮面，猪肉做馅，外皮裹上面包糠，下油锅炸制的咸馅食品，吃起来软糯酥香。香炸黄金球配以咸馅改善口味，适合现代人对美食的要求。

二、实训目的

使学生了解米粉面团的特性及形成原理，掌握制作香炸黄金球的工艺流程；学生通过理论学习能够对香炸黄金球进行制作；培养学生热爱专业、养成良好的职业道德习惯和勤学苦练的优良学风。

三、产品配方

（1）皮面料：糯米粉 500 克、澄粉 50 克、面粉 50 克、泡打粉 2 克、猪油 10 克，温水适量。

（2）馅料：猪肉馅 200 克、冬菇 100 克、姜 2 克、盐 3 克、味素 3 克、色拉油 50 克。

（3）辅料、蘸料：金黄色面包糠适量，自制蘸料适量。

四、主要设备与器具

和面机、电炸锅、电子秤、量杯、刮板等。

五、制作过程

（1）制皮面面团：将糯米粉、猪油用温水拌匀，澄粉烫熟，两者揉匀后加入面粉、泡打粉混合成皮面面团。

（2）馅心调制：将猪肉馅、姜末拌匀，将盐、味素、冬菇丁、色拉油顺序加入拌匀。

（3）分剂、包馅：将面团分割成每个重 25 克的剂子，包入猪肉冬菇馅，表面刷水裹上面包糠。

（4）熟制：油温 160℃，炸成金黄色，蘸蘸料食用。

六、评价标准

色泽金黄，外酥里软，软糯香甜。

七、技术要领

（1）面包糠要粘住，以防炸制脱落。

（2）制作的半成品要用湿布盖住，以防干裂。

八、拓展任务

馅心可以多元化，增加不同口味。

香炸黄金球

九、营养特点

香炸黄金球中油脂含量较高，可作为佐餐点心，不宜作为主食。

任务四 广式咸水角

一、产品介绍

广式咸水角是传统广式点心，是用糯米粉和成面团制剂，猪肉作馅做成的咸馅食品，吃起来软糯酥香，适合现代人对美食的要求。

二、实训目的

使学生了解米粉面团的特性及形成原理，掌握制作广式咸水角的工艺流程；学生通过理论学习能够对广式咸水角进行制作；培养学生热爱专业、养成良好的职业道德习惯和勤学苦练的优良学风。

三、产品配方

（1）皮面料：糯米粉 500 克、温水 600 克、澄粉 200 克、热水 180 克、糖 250 克、猪油 50 克。

（2）馅料：猪肉 200 克、虾米 25 克、冬菇 30 克，葱适量，姜适量。

（3）调料：根据个人口味适量加入。

四、主要设备与器具

和面机、电炸锅、电子秤、量杯、刮板等。

五、制作过程

（1）制作面团：将热水倒入澄粉中，用馅匙搅拌，倒在案板上，揉搓成澄粉面团；将糖倒入糯米粉中，加入水，和成糯米面团；将糯米面团与澄粉面团揉搓在一起，加入猪油，继续揉搓均匀，盖上保鲜膜，防止风干。

（2）制馅：将猪肉切成片，改刀成条，再切成肉丁，最后剁成肉碎，放入盘中。将冬菇切成片，改刀成条，再切成丁，放入盘中。将葱切成条，改刀成葱花，放入盘中。把姜切成片，改刀成丝，再切成碎末，放入盘中。勺内放入色拉油，放入姜末、葱花翻炒几下，加入猪肉馅，继续翻炒，加入酱油、水翻炒；再加入鸡精、精盐、花椒面继续翻炒，加入冬菇丁翻炒，加入水继续翻炒，加入虾皮翻炒，加入水淀粉，继续翻炒，放入容器内。

（3）制剂、包馅：取出面团，分成两份，分别搓成长条形状，分成面剂，盖上保鲜膜。分别将面剂揉圆、按扁，捏成面皮，放上馅心，包成饺子状。

（4）熟制：放入勺内油炸，当表面炸成金黄色时捞出，放入盘内即可。

六、评价标准

表皮脆内软，馅心香滑，有均匀的珍珠泡。

七、技术要领

（1）糯米粉加水要适当。

（2）注意掌握油炸的火候。

八、拓展任务

可以从馅料方面进行变化。

九、营养特点

广式咸水角食材种类较多，谷类、肉类、蔬菜类相互搭配，营养丰富。

广式咸水角

任务五 香麻炸软枣

一、产品介绍

香麻炸软枣是一道可口诱人、色味俱全的传统美食，是用糯米粉和成团制剂，用猪肉和莲蓉一起制成馅料的咸馅食品，吃起来软糯酥香，适合现代人对美食的要求。

二、实训目的

使学生了解米粉面团的特性及形成原理，掌握制作香麻炸软枣的工艺流程；学生通过理论学习能够对香麻炸软枣进行制作；培养学生热爱专业、养成良好的职业道德习惯和勤学苦练的优良学风。

三、产品配方

糯米粉500克、澄面120克、沸水250克、白糖100克、猪油50克、莲蓉馅400克、白芝麻200克。

四、主要设备与器具

和面机、电炸锅、电子秤、量杯、刮板等。

五、制作过程

（1）制作面团：将澄面糯米粉加白糖用沸水调制在一起，制成面团。
（2）下剂：每个25克。
（3）包馅：包入豆沙馅，表面粘上白芝麻。
（4）熟制：锅内放入油预热，然后放入生坯，油炸至浮起成金黄色即可。

六、评价标准

色泽金黄，香甜适口，有浓郁的芝麻香味。

七、技术要领

（1）澄面必须要烫熟。
（2）炸时温度不能过高。

八、拓展任务

外皮使用的白芝麻可以用黑芝麻代替。

九、营养特点

香麻炸软枣油脂、糖含量较多，可作为佐餐点心食用，不宜作为主食食用。

香麻炸软枣

项目六
其他面团模块

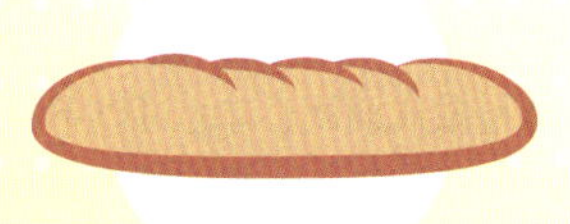

基础理论

其他面团主要包括澄粉面团、杂粮面团、果蔬面团、鱼虾蓉面团。

一、澄粉面团

（一）澄粉面团的概念

澄粉是小麦通过精加工去掉蛋白质和各种灰分后所制成的纯淀粉，简单说就是小麦纯淀粉。因为澄粉没有面筋蛋白，所以调制面团时应使用沸水而不能用冷水，否则面团的成团性较差，不易成型，必须采用烫面的方式调制。

澄粉面团是指澄粉加入适量的沸水调制而形成的面团。其成团原理是利用淀粉受热大量吸水发生糊化反应，使粉粒黏结而形成面团。澄粉面团色泽洁白，具有良好的可塑性，适合制作各类精细的造型点心。其成品晶莹剔透，呈半透明或透明状，光滑细腻，口感软糯嫩滑，能给食客带来难忘的视觉效果和口感体验。

（二）澄粉面团调制的操作要领

（1）控制好澄粉和生粉的比例。只有澄粉和生粉比例适当，才能使面团既有较好的可塑性，又有一定的韧性，便于成型。

（2）把握好水温和水量。调制澄粉面团时一定要用沸水，让澄粉充分发生糊化，使面团黏性好。同时要控制好加水量，让澄粉充分吸水发生糊化反应达到全熟效果。

（3）要趁热充分揉面。调制澄粉面团时一定要趁热将面团揉匀揉透，防止面团出现白色斑点。面团要光滑细腻，要柔软，便于成型。

（4）面团中要加入猪油。调制澄粉面团时加入猪油会使面团更加光滑细腻，制品成熟后光泽度更好，口感更加柔嫩。

二、杂粮面团

（一）杂粮面团的概念

杂粮是指稻谷、小麦以外的粮食，如玉米、高粱、豆类等。杂粮面团是指将玉米、高粱、豆类等杂粮磨成粉或蒸煮成熟加工成泥蓉调制而成的面团。杂粮面团的制作工艺较为复杂，使用前一般要经过初步加工。有的在调制时要掺入适量的米粉来增加面团的黏性、延伸性和可塑性；有的需要去除老的皮筋蒸煮熟压成泥蓉，再掺入其他材料做成面团；有的可以单独使用直接做成面团。

杂粮面团所用的原料除富含淀粉和蛋白质外，还含有丰富的维生素、矿物质及一些微量元素，因此杂粮面团制品的营养素的含量比面粉、米粉面团制品更为丰富。根据营养互补的原则，杂粮面团制品的营养价值也可大大提高。由于一些杂粮的生长受季节的影响较强，所以杂粮面团制品的季节性较强，春夏秋冬，品种四季更新。杂粮面点有各自不同的风味特色。一些品种的配料很讲究，制作上也比较精细，如绿豆糕、山药糕、生雪梨等。这些品种熟制后，具有黏韧、松软、爽滑等特点。

（二）杂粮面团的种类

杂粮面团的种类比较多，常见的面团有三大类：谷类杂粮面团、薯类杂粮面团和豆类杂粮面

团。调制杂粮面团时，无论是调制哪一类都必须注意：第一，原料必须经过精选，并加工处理；第二，调制时，需根据杂粮的性质，灵活掺入面粉、澄粉等辅助原料，控制面团的黏度、软硬度，以便于操作；第三，杂粮制品必须突出它们的特殊风味；第四，杂粮制品以突出原料的时令性为宜。

三、果蔬面团

当今餐饮市场中用果蔬类面团制作的小吃很多，它们别具特色，风格各异，越来越受食客的喜爱。此类制品富含各种维生素、果酸和微量元素，营养丰富，能给食客带来难忘的体验。调制果蔬类面团时一般要先将水果或蔬菜加工成小颗粒、细丝或蒸熟捣成泥蓉状，再加入一定的辅助原料，如澄粉面团、熟面粉、糯米粉或烫面团等，以调节面团的成团性，增加面团黏性和可塑性，便于造型。果蔬类面点制品软糯适宜、滋味甜美、滑爽可口、营养丰富，并具有浓厚的果蔬清香味，深受食客们青睐。本项目以南瓜饼为例，介绍果蔬类面团的调制方法及操作要领。

四、鱼虾蓉面团

鱼虾蓉面团在广式面点中应用较为广泛，主要用净鱼肉或净虾肉斩碎后与其他调料、辅料一起调制而成。具体做法是将净鱼肉或净虾肉切碎、剁蓉，装入盆内，加盐和水顺一个方向用力搅打成具有黏性的团状，再加入其他调料、辅料调制成面团。鱼虾蓉面团洁白纯滑，成品鲜香爽滑，具有特殊风味，广式面点中此类制品最优。

任务一 南瓜饼

一、产品介绍

南瓜饼是以南瓜为原料做成的饼，由于每个地方南瓜饼的做法不同，所以南瓜饼的味道也不是统一的，但是其主要原料都是南瓜、面粉、糯米粉和糖。

二、实训目的

使学生了解果蔬面团的特性及形成原理，掌握制作南瓜饼的工艺流程；学生通过理论学习能够对南瓜饼进行制作；培养学生热爱专业、养成良好的职业道德习惯和勤学苦练的优良学风。

三、产品配方

糯米粉 250 克、熟南瓜 200 克、白糖 100 克、猪油 50 克，莲蓉适量。

四、主要设备与器具

和面机、电炸锅、电子秤、量杯、刮板等。

五、制作过程

（1）调制面团：将熟南瓜放入容器内捣碎，放入白糖，搅拌几下；加入猪油，搅拌均匀；加入一半量糯米粉，搅拌均匀；加入剩余的糯米粉，搅拌均匀，倒在案板上，撒上面粉，揉成面团。

（2）下剂、包馅、成型：将莲蓉搓成长条形状，揪成剂子；切一块面团，搓成长条，揪成面剂；

将面剂揉圆、按扁，放入莲蓉，包住，揉圆，放在案板上，做成南瓜形。

（3）熟制：平底锅内倒入色拉油，烧热，放入南瓜饼，采用半炸半烙的成熟方法制熟，当一面变成金黄色时，翻面继续烙制；当另一面也变成金黄色时，将南瓜饼放入漏勺内，再放入盘内。

六、评价标准

造型美观，口感外脆内软。

七、技术要领

（1）注意糯米粉的用量，掌握好面团的软硬。

（2）严格控制火候。

八、拓展任务

馅心可以多元化，增加不同口味。

南瓜饼

九、营养特点

糯米具有补中益气、健脾养胃、止虚汗的功效，对脾胃虚寒、食欲不佳、腹胀腹泻有一定缓解作用；糯米有收涩作用，对尿频，盗汗有较好的食疗效果。南瓜果实中含有丰富的营养物质，如碳水化合物、蛋白质、膳食纤维、维生素、胡萝卜素、果胶及钾、铁、镁等微量元素。南瓜中的果胶能调节胃内食物的吸收速率，具有使糖类吸收减慢、降低血脂的作用。莲子具有防癌抗癌、降血压、强心安神、滋养补虚的作用。因此，南瓜饼是一种很有营养价值的食品。

任务二 玉米饼

一、产品介绍

玉米饼属于精品粗粮主食，主要原料是玉米粉、玉米粒，其口味香甜、软糯。

二、实训目的

使学生了解杂粮面团的特性及形成原理，掌握制作玉米饼的工艺流程；学生通过理论学习能够对玉米饼进行制作；培养学生热爱专业、养成良好的职业道德习惯和勤学苦练的优良学风。

三、产品配方

玉米面 500 克、面粉 100 克、白糖 100 克、鸡蛋 3 个、吉士粉 10 克、泡打粉 10 克，玉米粒半瓶。

四、主要设备与器具

和面机、电饼铛、电子秤、量杯、刮板等。

五、制作过程

（1）调制面糊：将面粉和玉米粉拌匀，再加吉士粉、泡打粉拌匀；加入白糖、鸡蛋、玉米粒，加少许温水搅成稀糊状。

（2）醒发：醒发 15 分钟。

（3）熟制：用勺或挤花袋放入锅内，摊平，烙金黄色即可。

玉米饼

六、评价标准

香甜适口，营养丰富，色泽金黄。

七、技术要领

（1）掌握好面粉与玉米的比例。

（2）注意面糊的醒发时间。

八、拓展任务

可以采用蒸制成熟的方式。

九、营养特点

玉米中含有的维生素 E，具有促进细胞分裂、延缓衰老、降低血清胆固醇、防止皮肤病的功效。糯米含有蛋白质、脂肪、糖类、钙、磷、铁、维生素 B1、维生素 B2、烟酸及淀粉等，具有补中益气、健脾养胃、止虚汗等功效。

任务三 虾饺

一、产品介绍

虾饺是广东的传统小吃，属粤菜系，以一层澄面皮包着一至两只虾为主馅，分量多以一口为限。传统的虾饺是半月形，“蜘蛛肚”共有 12 褶，馅料有虾，有肉，有笋，味道鲜美爽滑。

二、实训目的

使学生了解澄粉面团的特性和形成原理，掌握制作虾饺的工艺流程；学生通过理论学习能够对虾饺进行制作；培养学生热爱专业、养成良好的职业道德习惯和勤学苦练的优良学风。

三、产品配方

（1）皮面料：澄粉 300 克、生粉 100 克、精盐 4 克、热水 400 克、猪油 25 克。

（2）馅料：鲜虾肉 400 克、猪肥膘肉 100 克、冬笋 50 克、香油 5 克、味精 5 克、胡椒粉 1 克、白糖 3 克、盐 2 克。

四、主要设备与器具

和面机、蒸箱、电子秤、量杯、刮板等。

五、制作过程

（1）烫面：将清水烧开，倒入澄粉中，迅速用擀面杖搅匀至熟；放在案子上，稍凉，分次加入15克猪油，搓擦均匀，即成澄粉面坯。

（2）制馅：将鲜虾肉用布吸干水分，放在菜板上用刀背剁烂成泥；肥膘肉煮熟捞出，用冷水冲凉，切成长1厘米的丝；冬笋切成长1厘米的细丝。将剁好的虾泥放入盆内，加盐10克，用手搅至虾胶上劲而有韧性后放入笋丝、熟肥膘肉丝搅拌均匀，再加入猪油、白糖、味精、香油、胡椒粉调匀备用。

（3）搓条、下剂、制皮：条粗直径1.5厘米，切成每个重7.5克的剂子。用小方刀压出一边稍厚、一边略薄的圆形皮子。

（4）上馅、成型：左手拿皮子，右手抹入重10克左右的馅心，皮子的薄边向外，左手指推，右手捏成外边有均匀长褶的梳背形饺子生坯。

（5）熟制：旺火沸水蒸5分钟即可。

六、评价标准

外形美观，晶莹透明，馅心爽脆，口味鲜香。

七、技术要领

（1）澄粉要烫熟，不可有生粉粒。

（2）馅心原料要鲜，虾胶要搅上劲。

（3）包制时褶要匀，封口要严。

（4）蒸制时不可过火，否则会出现爆裂、露馅等现象，影响成品质量。

八、拓展任务

澄面和生粉的比例可以进行调整。

九、营养特点

虾仁中含有大量的优质蛋白，还含有丰富的钾、碘、镁、磷等矿物质及维生素A。镁对心脏活动具有重要的调节作用，能很好地保护心血管系统，可减少血液中胆固醇含量，防止动脉硬化，同时还能扩张冠状动脉，有利于预防高血压及心肌梗死。虾饺中含有较多动物脂肪——猪油，猪油中饱和脂肪较多，食用过多的饱和脂肪对心脑血管健康不利，因此，在制作过程中，可适当降低猪油的使用量。

虾饺

项目七
地方特色模块

基础理论

中国风味面点品种众多，花色独特，取材广泛，造型美观，口感多样。从宫廷美点到民间小吃，从城市精点到乡村粗粮面点都有各自的风味特色。由于各地的气候条件、物产、饮食习惯的不同，形成了不同的风味流派。本项目主要介绍华东地方特色面点、华南地方特色面点、华北地方特色面点、东北地方特色面点。

任务一 三丁包子

一、产品介绍

三丁包是扬州的名点，以面粉发酵和馅心精细取胜。相传乾隆皇帝下江南时，说到备办御膳早点，要达到五条标准，即“滋养而不过补，美味而不过鲜，油香而不过腻，松脆而不过硬，细嫩而不过软”。扬州名厨提出：海参滋养，少而不过补；鸡肉味美，少而不过鲜；猪肉油香，少而不过腻；冬笋松脆，少而不过硬；虾仁细嫩少而不过软。这五味合掺，则补、鲜、香、脆、嫩皆备。扬州各厨制作的五丁包子，以海参丁、鸡丁、肉丁、冬笋丁、虾仁为馅。乾隆皇帝品尝后十分高兴地说：“扬州包子，名不虚传。”以后因考虑到老百姓的消费水平，将五丁改为三丁，馅心采用鸡丁、肉丁、笋丁，以虾汁、鸡汤加调味品制成，味道依然鲜美，深受各界人士欢迎。

二、实训目的

使学生了解煸馅的方法，掌握制作三丁包子的工艺流程；学生通过理论学习能够对三丁包子进行制作；培养学生热爱专业、养成良好的职业道德习惯和勤学苦练的优良学风。

三、产品配方

（1）皮面料：面粉 500 克、酵母 5 克、泡打粉 10 克、水 300 克。

（2）馅料：猪肋条肉 200 克、鸡脯肉 150 克、冬笋 100 克。

四、主要设备和器具

和面机、案台、蒸箱、电子秤、量杯、刮板、擀面杖等。

五、制作过程

（1）馅心调制：将猪肋条肉、鸡脯肉放锅内煮至 7 分熟，然后切成 5 毫米见方的丁；炝锅，放入猪肉丁、鸡肉丁，加入调料、老汤，最后放入鲜笋丁，勾芡晾凉待用。

（2）调制面团、醒面：调制面团，反复揉匀揉透，醒面 20 分钟。

（3）搓条、下剂、包馅：将醒好的面团搓条、下剂，每个剂重 25 克，按扁，包入馅心，收口捏 18 个以上褶。

（4）醒坯、熟制：包好的生坯醒 20 分钟，蒸 15 分钟即可。

六、评价标准

馅心鲜美，色泽洁白。

七、技术要点

（1）馅要晾凉后再包。
（2）掌握好醒发的时间和温度。

八、拓展任务

根据个人口味，可以将馅心进行调换。

九、营养特点

三丁包子中加入了冬笋，冬笋具有开胃健脾的功效，同时富含膳食纤维，可以吸收猪肉中的脂肪，减少饱和脂肪的吸收量。食用过多的饱和脂肪不利于心脑血管的健康。

三丁包子

任务二 黄桥烧饼

一、品种介绍

黄桥烧饼是江淮一带古老的特色传统小吃，得名于 1949 年 10 月著名的战役——黄桥决战。1940 年 10 月，新四军东进，开辟抗日根据地，在江苏泰兴黄桥地区打了一仗，即著名的黄桥战役。战斗打响后，新四军日夜坚持战斗，有时几天吃不上一顿饭。黄桥当地的老百姓，看到这种情景非常焦急，他们后来就想出一个办法——用黄桥烧饼慰劳新四军。新四军指战员吃了这种烧饼，浑身增添了力量，最后终于取得了伟大的胜利。当时还留下了一首广为流传的民歌：

黄桥烧饼黄又黄，黄黄烧饼慰劳忙。
烧饼要用热火烤，军队要把百姓帮。
同志们呀吃得饱，多打胜仗多缴枪。

二、实训目的

使学生了解发酵面团的特性及形成原理，掌握制作黄桥烧饼的工艺流程；学生通过理论学习能够对黄桥烧饼进行制作；培养学生热爱专业、养成良好的职业道德习惯和勤学苦练的优良学风。

三、产品配方

（1）皮面料：面粉 900 克、酵母 10 克、泡打粉 10 克、冷水 200 克、热水 250 克、猪油 50 克。
（2）酥面料：面粉 800 克、猪油 450 克、葱花 50 克。
（3）馅料：五花肉 1000 克、火腿丁 250 克、葱花 200 克，调料少许。

四、主要设备和器具

和面机、案台、烤箱、电子秤、量杯、刮板、擀面杖等。

五、制作过程

（1）调制皮面、醒面、擦酥：调制皮面，醒面 15 分钟，擦酥待用。

（2）调制馅心：将五花肉切成 5 毫米见方的丁，加入火腿丁、葱花、盐、五香粉、糖拌成馅心。

（3）成型：采用小包酥的开酥方法，开一次酥即可，然后包入馅心，表面刷上蛋液，蘸上芝麻即可。

（4）熟制：烤箱预热至 220℃，烤至金黄色即可。

六、评价标准

饼形饱满，色泽金黄，酥层清晰，酥脆鲜香。

黄桥烧饼

七、技术要领

（1）油酥擦匀后要与面团的软硬一致。

（2）控制好烤箱温度。

八、拓展任务

根据个人口味，可以将馅心进行调换。

九、营养特点

黄桥烧饼中猪肉脂肪含量较多。猪肉脂肪中含有大量的饱和脂肪，食用过多的饱和脂肪不利于心脑血管的健康，因此，高血压、高血脂、肥胖等患者应少食用。

任务三 台湾手抓饼

一、产品介绍

台湾手抓饼原名葱抓饼，起源于台湾。2004 年从台湾引进大陆，更名为手抓饼。正宗手抓饼，新鲜出炉后千层百叠，层如薄纸，用手抓之，面丝千连，其外层金黄酥脆，内层柔软白嫩，一股葱油与面筋的香味扑鼻而来，让每个人来不及等待，抓起就吃。

二、实训目的

使学生了解发酵面团的特性及形成原理，掌握台湾手抓饼的工艺流程；通过理论的讲授能够对台湾手抓饼进行制作；培养学生热爱专业、养成良好的职业道德习惯和勤学苦练的优良学风。

三、产品配方

（1）面团料：高筋粉 2500 克、糖 100 克、鸡蛋 2 个、炼乳半瓶、淡奶半瓶、盐 6 克。

（2）装饰用料：熟鸭胸肉、生菜、熟火腿丁、椒盐、甜辣酱、肉松适量。

四、主要设备和器具

和面机、案台、电饼铛、电子秤、量杯、刮板、擀面杖等。

五、制作过程

（1）和面、醒面：将面粉中加入糖、蛋、炼乳、淡奶、盐，然后加入温水搅匀，和成面团，醒20分钟。

（2）下剂、成型：将醒好的面团下剂，每个重125克，擀成长方形，抹黄油，由上向下推，抻长盘成螺旋状。

（3）熟制：将生坯放入锅内，烙制快要成熟时，将鸡蛋打在锅内，将饼盖在上面，烙金黄色即可。

（4）装饰：将烙好的饼表面刷上甜辣酱，放入生菜、熟火腿丁、鸭胸肉，撒上椒盐、肉松卷即可。

六、评价标准

形状美观，营养丰富，色泽金黄。

台湾手抓饼

七、技术要点

（1）面要醒透。

（2）盘时不能太紧。

（3）装饰要适当。

八、拓展任务

根据个人口味，可以将酱料进行调换。

九、营养特点

台湾手抓饼的制作原料涵盖了谷类、肉类、蔬菜、豆类、蛋类、乳制品，这些原料营养成分互补。作为一种方便食品，台湾手抓饼满足了人们食物多样化的需求，营养较为均衡。

任务四 海城馅饼

一、产品介绍

老山记海城馅饼是沈阳市传统风味小吃，由毛青山于1920年创始于辽宁海城县城火神庙街。毛氏名山，取其山字，立号老山记馅饼店，于1939年迁到沈阳。

海城馅饼温水和面，选猪肉、牛肉作为鸳鸯馅；取香料10余种煮制，取汁入馅增味。蔬菜馅随季节变化，选豆芽、韭菜、黄瓜、青椒、南瓜、芹菜、白菜等配制，使饼馅荤素相配。高档馅饼还以鱼翅、海参、大虾、干贝、鸡肉调馅，其味道更是鲜美无比。馅饼成品形圆色黄，皮面脆韧，馅心嫩爽，鲜香四溢。配以蒜泥、辣椒油、芥末糊等蘸食，更加味美适口；备有八宝粥佐之，则清爽可口，风味别样。

二、实训目的

使学生了解温水面团的特性及形成原理，掌握制作海城馅饼的工艺流程；学生通过理论学习能够对海城馅饼进行制作；培养学生热爱专业、养成良好的职业道德习惯和勤学苦练的优良学风。

三、产品配方

（1）皮面料：面粉 500 克、精盐 5 克、温水 300 克。

（2）馅料：猪肉馅 150 克、牛肉馅 100 克、香油 10 克、酱油 10 克、姜末 5 克、葱末 10 克、面酱 10 克、白菜或青椒 250 克，盐适量。

（3）调馅香料：花椒、大料、丁香、肉桂、豆蔻、大茴香、百合等适量。

四、主要设备和器具

和面机、案台、电饼铛、电子秤、量杯、刮板、擀面杖等。

五、制作过程：

（1）馅心调制：将猪肉馅和牛肉馅混合，加入调料。香料用清水熬汁，香料汁晾凉后拌入馅中，拌匀，最后加入青菜、葱花拌匀。

（2）调制面团、醒面：调制温水面团，500 克面粉用温水 300 克，醒 20 分钟。

（3）下剂、包馅：将醒好的面团搓条、下剂，每个重 25 克，按扁包入馅心，收口成馒头形。

（4）熟制：包好的生坯醒 10 分钟，用手按扁，烙成金黄色即可。

六、评价标准

两面金黄，外脆里软，馅嫩清鲜。

海城馅饼

七、技术要点

（1）猪肉一般选用前腗肉、牛肉选精肉。

（2）蔬菜可随季节而变化。

（3）馅心不要外漏。

（4）面要揉匀、醒透。

八、拓展任务

可以适量增加素馅，改变口味。

九、营养特点

海城馅饼以牛肉馅和猪肉馅混合搭配，肉类可以弥补面粉中赖氨酸不足，同时配以各种蔬菜，营养搭配较为合理。

任务五 香酥牛肉饼

一、品种介绍

西安宫廷香酥牛肉饼也称千层牛肉饼，已有 1200 多年的历史。在唐代，此饼曾为宫廷御点。

安史之乱时，宫中御厨们流落到民间，在长安城内出售此饼大有名气。唐代著名诗人白居易在《寄胡麻饼与杨万州》一诗中写道：“胡麻饼样学京都，面脆油香新出炉，寄与饥馋杨大使，尝香得似辅兴无。”诗中的胡麻饼指的就是香酥牛肉饼。随着时代的变迁，调料大师在继承了祖先配方和制作工艺基础上又有新的创新和突破，香酥牛肉饼口味又上一个新台阶，并创出了新品牌。

二、实训目的

使学生了解温水面团的特性及形成原理，掌握制作香酥牛肉饼的工艺流程；学生通过理论学习能够对宫廷香酥牛肉饼进行制作；培养学生热爱专业、养成良好的职业道德习惯和勤学苦练的优良学风。

三、产品配方

（1）主料：面粉 200 克、牛肉馅 200 克、温水 110 克。

（2）辅料：五香粉、盐、味精、酱油、鸡粉、葱花、姜末适量。

四、主要设备和器具

和面机、案台、电饼铛、电子秤、量杯、刮板、擀面杖等。

五、制作过程

（1）和面、醒面：将面粉中加入盐，然后加入温水搅匀，和成面团，醒 20 分钟。

（2）调馅：牛肉馅内加入盐、味精、酱油、鸡粉、姜末、清水，顺一个方向搅打成黏稠状。

（3）下剂、包馅：将面团下剂，每个重 50 克，然后刷上油搓成长条形状，醒 10 分钟；将案板刷油，将长条面剂擀成薄片，长 20 厘米，宽 7 厘米，抹上油酥，将肉馅放在一头，上面放上葱花、五香粉，采用交叉的手法卷起。

（4）熟制：将生坯醒 10 分钟，烙成金黄色即可。

六、评价标准

外酥里嫩，油而不腻，鲜香适口。

七、技术要领

（1）肉馅要包住不外露。

（2）包好的生坯要醒 10 分钟后再烙制。

八、营养特点

香酥牛肉饼鲜香美味，但脂肪含量偏多，因此每餐食用一个即可。

香酥牛肉饼

任务六 驴打滚

一、产品介绍

驴打滚是用糯米夹馅制成的长卷形食品，因制作时里层铺有黄豆面，外层也要滚上熟黄豆面，样子颇似驴儿打滚，因此得名。做好的驴打滚外层粘满豆面，呈金黄色，豆香馅甜，入口绵软，别具风味，是老少皆宜的传统风味小吃。

二、实训目的

使学生了解米粉面团的特性及形成原理，掌握制作驴打滚的工艺流程；学生通过理论学习能够对驴打滚进行制作；培养学生热爱专业、养成良好的职业道德习惯和勤学苦练的优良学风。

三、产品配方

糯米粉 500 克、豆沙馅 200 克、黄豆面 200 克、温水 350 克。

四、主要设备和器具

和面机、案台、蒸箱、电子秤、量杯、刮板、擀面杖等。

五、制作过程：

（1）调制面团：将糯米粉用温水拌匀，调制成面团，上蒸箱蒸 30 分钟。

（2）烤黄豆面：将黄豆面烤熟。

（3）抹馅、成型：将蒸好的面团滚上黄豆面，擀成片，抹上豆沙馅，卷成圆筒形，切成小块，撒上白糖即可食用。

驴打滚

六、质量标准

软糯香甜，鲜香适口。

七、技术要点

（1）糯米粉加水要适当。

（2）黄豆面要烤熟。

八、营养特点

驴打滚原料中有糯米粉、黄豆面、豆沙。糯米粉和黄豆面、豆沙中的氨基酸可以互补，使蛋白质的利用率得到了提升。驴打滚如果作为主食，最好还搭配些蔬菜和肉类等其他食物，这样营养就均衡了。

任务七 猫耳朵

一、产品介绍

猫耳朵是中国传统风味名小吃，是油炸食品，具有香酥、甜咸适口的特点。

二、实训目的

使学生了解温水面团的特性及形成原理，掌握制作猫耳朵的工艺流程；学生通过理论学习能够对猫耳朵进行制作；培养学生热爱专业、养成良好的职业道德习惯和勤学苦练的优良学风。

三、产品配方

（1）皮面料：低筋粉 1400 克、猪油 200 克、温水 400 克。

（2）馅料：低筋粉 1500 克、砂糖 300 克、南乳 200 克、粉 10 克、臭粉 15 克、味精 8 克、猪油 150 克、清水 450 克。

四、主要设备和器具

和面机、案台、炸锅、电子秤、量杯、刮板、擀面杖等。

五、制作过程

（1）调制皮面、醒面：调制皮面，醒 20 分钟。

（2）调馅：将馅料混合调制均匀。

（3）包馅、成型：将面团擀成长方形，表面刷上清水，把馅心铺在上面，擀成 3 毫米的大片，再分切成小块，卷起来，放入冰箱冷冻，冷冻后再切成薄片。

（4）熟制：六成油温，炸成金黄色即可。

猫耳朵

六、评价标准

香酥可口。

七、技术要点

（1）皮面、馅料调制时软硬要适合。

（2）炸时要掌握好油温。

八、营养特点

猫耳朵是油炸食品，含有较多的动物脂肪和糖类，是高脂、高糖食品，作为佐餐零食少量食用可以，大量食用就会造成能量和脂肪摄入过量。

任务八 风味酱香饼

一、产品介绍

土家酱香饼也称风味酱香饼。土家酱香饼经过改进，添加辅料，成为大众口味食品，火遍全国。此饼以香、甜、辣、脆为主要特点，其辣而不辛，咸香松脆，风味独特，已成为都市生活不可多得的大众食品。

二、实训目的

使学生了解温水面团的特性和形成原理，掌握制作风味酱香饼的工艺流程；学生通过理论学生能够对风味酱香饼进行制作；培养学生热爱专业、养成良好的职业道德习惯和勤学苦练的优良学风。

三、产品配方

（1）主料：面粉 200 克、温水 110 克、盐 2 克。

（2）辅料：小葱、辣酱、甜面酱、海鲜酱。

四、主要设备和器具

和面机、案台、电饼铛、电子秤、量杯、刮板、擀面杖等。

五、制作过程

（1）和面、醒面：将面粉中加入盐，然后加入温水搅匀，和成面团，醒 20 分钟。

（2）下剂、成型：将醒好的面团下剂，每个重 200 克，擀成长方形，抹油酥，由上向下卷起，再盘成螺旋状，稍醒 5 分钟擀成圆形即可。

（3）熟制：将生坯放入电饼铛内烙至金黄色即可。

（4）装饰：将烙好的饼表面刷上辣酱、甜面酱、海鲜酱，放入小葱，切块即可。

六、评价标准

色泽金黄，形状美观，营养丰富。

风味酱香饼

七、技术要点

（1）盘时不能多盘，3~4 层即可。

（2）装饰要适当。

八、营养特点

风味酱香饼酱香浓郁，可作为主食来食用。食用时，酱类不要涂抹过多，因为酱类中食盐含量大，容易引起钠超标。钠的过量摄入与高血压有直接的关系。

任务九 老北京炸酱面

一、产品介绍

炸酱面无疑是北京人的当家饭了。暑天吃炸酱面，既方便又开胃。直到现在，在北京胡同里的大杂院，仍可以见到这样的情景：街坊四邻在饭口聚在一堆儿，端碗炸酱面，碗里搁一根脆黄瓜，在当院或门洞里一蹲，吃两口炸酱面，咬一口黄瓜，不耽误聊天，不耽误下棋。

二、实训目的

使学生了解老北京炸酱面的制作过程，掌握制作老北京炸酱面的工艺流程；学生通过理论学习能够对老北京炸酱面进行制作；培养学生热爱专业、养成良好的职业道德习惯和勤学苦练的优良学风。

三、产品配方

（1）面料：中筋粉 500 克、鸡蛋 1 个、盐 5 克、碱水 3 克、温水 200 克。

（2）炸酱料：五花肉末 250 克、姜末 3 克、花椒面 2 克、干黄酱 100 克、甜面酱 100 克、盐 2 克。

（3）辅料：葱 15 克、绿豆苗 10 克、黄瓜丝 50 克、花椒油若干、心里美萝卜丝 30 克。

四、主要设备和器具

和面机、案台、煮锅、电子秤、量杯、刮板、擀面杖等。

五、制作过程

（1）和面：和成软硬适中的冷水面团。

（2）揉面：揉成光滑的面团。

（3）醒面：醒 20 分钟。

（4）制成面条：用淀粉做浮面，将面团擀成 1 毫米厚的薄片，切成面条。

（5）炒肉酱：勺内加油烧热，下肉末煸炒变色，加入干黄酱和甜面酱炒至入味，再加入骨汤，开锅后用小火收汁，调味即可。

（6）煮面：锅中烧开水煮面条，熟后捞入碗中，倒入肉酱，表面放绿豆苗、黄瓜丝、心里美萝卜丝，淋花椒油即可。

老北京炸酱面

六、评价标准

咸甜适口，五彩纷呈。

七、技术要点

（1）和面水温控制在 26℃～28℃。

（2）面团要揉均、揉透。

八、拓展任务

可以将青菜进行调整。

九、营养特点

炸酱面中有谷类、肉类、鸡蛋、蔬菜、酱类等，食材多样，满足了营养均衡的要求，既有营养又利于消化，还食用方便、快捷，是一款很好的主食。

任务十一 狗不理包子

一、产品介绍

狗不理包子创始于 1858 年。清咸丰年间，河北武清县（现天津市武清区）杨村有个年轻人，名叫高贵友，因其父40岁得子，为求平安，取乳名“狗子”，期望他能像小狗一样好养活（按照北方习俗，此名饱含着淳朴、挚爱的亲情）。狗子14岁来天津学艺，在天津南运河边上的刘家蒸吃铺当小伙计。狗子心灵手巧又勤学好问，加上师傅们的精心指点，狗子做包子的手艺不断长进，练就一手好活，很快就小有名气，他做的包子人称狗不理包子。

二、实训目的

使学生了解狗不理包子的制作方法，掌握制作狗不理包子的工艺流程；通过理论的讲授能够对狗不理包子进行制作；培养学生热爱专业、养成良好的职业道德习惯和勤学苦练的优良学风。

三、产品配方

（1）皮面料：中筋粉2 000克、酵母20克、泡打粉12克、改良剂12克、温水1 000克、绵糖30克

（2）馅料：猪肉馅2 000克、白菜丁2 000克、姜末25克、盐30克、味素20克、花椒面4克、甜面酱30克、葱花150克、猪油80克、香油50克、香菜250克、鸡精20克，高汤若干。

四、主要设备和器具

和面机、案台、蒸箱、电子秤、量杯、刮板、擀面杖等。

五、制作过程：

（1）调面团、醒面：将面粉开窝，加入温水及酵母、改良剂、泡打粉和绵糖后，和成软硬适度的面团，醒10分钟。

（2）调馅：将猪肉馅中加入花椒面、盐、甜面酱、猪油、鸡精、味素，拌匀调味，再分次加入高汤，搅拌至黏稠状，再加入用香油拌好的葱花、姜末，最后加入白菜丁、香菜拌匀。

（3）下剂、包馅、成型：将醒好的面团下剂，每个重50克，擀成中间略厚边缘薄的圆皮，然后包入馅心，捏成22～25个褶。

（4）醒发、熟制：生坯醒发20～30分钟后上笼蒸制15分钟即可。

六、评价标准

形态饱满，色泽洁白。

七、技术要点

（1）注意醒发的时间。

（2）注意包馅的手法，无露馅。

（3）注意成熟的时间。

八、拓展任务

可以对馅心进行变化。

九、营养特点

狗不理包子中猪肉脂肪较多，虽然味道肥美，但也应控制食量，每餐食用量四个为宜。

狗不理包子

任务十二 杨麻子大饼

一、产品介绍

杨麻子大饼店的前身是吉林省洮南杨麻子大饼铺，后走出洮南先后在吉林市、长春市开办了杨麻子大饼店。

2001 年 9 月在吉林省第三届天景杯吉菜美食旅游节大赛中，杨麻子大饼获“吉菜金奖”；2001 年 11 月，在杭州举办的第二届中国美食名菜、名点大赛中，杨麻子大饼荣获“国家金奖”；2002 年 8 月，杨麻子大饼总店被吉林省烹饪协会授予“吉菜名店”称号；2002 年 11 月，在吉林省第四届皓月杯吉菜美食节活动中，杨麻子大饼被评为“大众喜爱的吉菜风味小吃”。

二、实训目的

使学生了解杨麻子大饼的制作方法，掌握制作杨麻子大饼的工艺流程；学生通过理论学习能够对杨麻子大饼进行制作；培养学生热爱专业、养成良好的职业道德习惯和勤学苦练的优良学风。

三、原料配方

（1）皮面料：高筋粉 300 克、温水 160 克。

（2）馅料：猪肉馅 200 克、大葱 100 克、姜 20 克，盐、酱油、味素、胡椒粉姜适量。

四、主要设备和器具

和面机、案台、电饼铛、电子秤、量杯、刮板、擀面杖等。

五、制作过程

（1）调面团、醒面：将高筋粉倒在案板上，中间开窝，加入温水，和成面团；将面团揉匀揉透，盖上保鲜膜，醒 20 分钟。

（2）调馅：将大葱切成条，再改刀成末，放入盘内；将姜切成片，改刀成丝，再切成末，放入盘内。将猪肉馅倒入容器中，加入姜末，搅拌几下；再加入味精、精盐、胡椒粉、酱油，搅拌均匀，加入葱末、香油、色拉油，搅拌均匀。

（3）包馅、成型：将面团取出，搓成长条，分成三段，刷上色拉油，案板表面也刷上色拉油。将面团按扁，用擀面杖擀成长形面片，刷上色拉油，将馅心铺在面片上，从上向下卷起，抻长，盘成螺旋形状，用手指压平。

（4）熟制：将电饼档内加入色拉油，将饼放在上面烙制。当一面烙成金黄色时，翻面继续烙制。取出烙制好的饼，将饼从中间切开，放入盘中即可。

六、评价标准

色泽金黄，咸香适口。

七、技术要点

（1）注意面团的醒发时间；

（2）注意成形的手法。

八、拓展任务

可以将馅心调换成素馅。

九、营养特点

杨麻子大饼是一款主食馅饼，食用时只要控制好能量和脂肪摄入量不超标即可。

杨麻子大饼

任务十三 山东大包

一、产品介绍

山东大包是山东地道的一款面食，其馅心酱香浓郁，皮暄洁白，深受大家喜欢。

二、实训目的

使学生了解山东大包的制作方法，掌握制作山东大包的工艺流程；学生通过理论学习能够对山东大包进行制作；培养学生热爱专业、养成良好的职业道德习惯和勤学苦练的优良学风。

三、产品配方

（1）皮面料：面粉 500 克、酵母 5 克、泡打粉 10 克、温水 300 克。

（2）馅料：猪肋条肉 200 克、芸豆 150 克、香菜 50 克，大酱、鸡粉、花椒面、酱油适量。

四、主要设备和器具

和面机、案台、蒸箱、电子秤、量杯、刮板、擀面杖等。

五、制作过程

（1）调制馅心：将猪肋条肉切至 1 厘米见方的丁，放入锅内煸炒，加入大酱、鸡粉、花椒面、酱油等调料；然后将芸豆焯水切成 1 厘米见方的丁，香菜切断放入煸炒好的肉丁中拌匀待用。

（2）调制面团：调制面团，反复揉匀揉透，醒 20 分钟。

（3）下剂、包馅：将醒好的面团搓条，下剂，每个重 25 克，按扁包入馅心，呈包子形，捏 18 个以上褶。包好的生坯醒 20 分钟。

（4）熟制：上笼蒸 15 分钟即可。

六、评价标准

馅心鲜美，色泽洁白。

七、技术要点

（1）馅心要晾凉后再包。

（2）注意醒发时间和温度。

八、拓展任务

包子形状和馅心可以变化。

九、营养特点

山东大包皮面经过发酵，利于消化吸收，但用的猪肉馅偏肥，作为主食应该控制食量。

山东大包

任务十四 李连贵熏肉大饼

一、产品介绍

熏肉大饼 1908 年由河北滦县柳庄人李广忠（乳名连贵）在吉林省四平市梨树县始创。熏肉用 10 余种中药煮制，并用煮肉的汤油加面粉、加调料调成软酥，抹在饼内起层，便于夹肉而食。李连贵后人按中医的药方以 9 味炮制的中药煮肉，又采取熏烤方法，使肉的风味更加独特。1950 年，李广忠之孙李春生在沈阳中街开设分店，李连贵熏肉大饼从此蜚声海内外。

二、实训目的

使学生了解软酥的特性及形成原理，掌握制作熏肉大饼的工艺流程；学生通过理论学习能够对熏肉进行制作；培养学生热爱专业、养成良好的职业道德习惯和勤学苦练的优良学风。

三、产品配方

（1）皮面料：中筋粉 500 克、盐 5 克、温水 300 克。

（2）油酥料：面粉 500 克、色拉油 700 克、葱 100 克、姜 30 克，花椒、八角适量。

（3）配料：熏肉、甜面酱、葱丝若干。

四、主要设备与器具

和面机、案台、电饼铛、电子秤、量杯、刮板、擀面杖等。

五、制作过程

（1）和面：和成软硬适中的温水面团。

（2）揉面：揉成光滑的面团。

（3）醒面：醒 20 分钟。

（4）下剂：面团下剂，每个重 200 克。

（5）成型：将面团擀成 0.3 厘米厚的长片剂，在表面刷油酥，将一面向另一面叠成 5 层，收严剂口，擀成圆饼形。

（6）熟制：电饼铛温度 180℃，烙成金黄色。

六、评价标准

色泽金黄，层次分明，外焦里软，焦而不硬。

七、技术要领

（1）饼皮擀制时薄厚均匀。

（2）叠制时手法要轻，不要混酥。

八、拓展任务

改变夹心口味，增加不同风味。

九、营养特点

李连贵熏肉大饼含油脂较多，应注意控制脂肪的摄入量，防止摄入过多的脂肪。

李连贵熏肉大饼

任务十五 老边饺子

一、产品介绍

老边饺子是驰名中外的沈阳特色风味，其历史悠久，从始创到现在，已有 160 多年历史。清道光八年，河北河间府任邱县边家庄的边福来沈阳谋生。边福在沈阳小津桥搭上马架房，立号边家饺子馆。其做法是：将绞碎的猪肉煸炒后，用鸡汤或骨头汤煨制，做成蒸饺。老边饺子选料精，用料广泛，品种多，味道好。虽然其门面简陋，但由于精心制作、风味独特而闻名遐迩，深受人们喜爱。边家饺子因为肉馅是煸炒过的，所以叫煸馅饺子；由于主人姓边，所以人们都习惯称之为老边家饺子。老边饺子先后在沈阳开设三家分号，由边氏后裔——边跃、边义、边霖弟兄三人分别经营。由于业务不断发展，企业不断改进，老边饺子馆已发展成为一个设备完善、分工精细的连锁企业。

二、实训目的

使学生了解煸馅的方法，掌握制作煸馅饺子的工艺流程；学生通过理论学习能够对煸馅饺子进行制作；培养学生热爱专业、养成良好的职业道德习惯和勤学苦练的优良学风。

三、产品配方

（1）皮面料：面粉 500 克、热水 250 克、盐 2 克。

（2）馅料：猪肉馅 300 克、姜 3 克、盐 4 克、鸡精 1 克、味素 2 克、葱末 150 克，花椒面少许，生抽、香油、甜面酱、鸡汤、色拉油适量。

四、主要设备与器具

和面机、案台、电磁炉、蒸锅、电子秤、量杯、刮板、擀面杖等。

五、制作过程

（1）烫面、和面、醒面：将面粉加盐，均匀地加入开水烫面，烫透后摊开晾凉，揉成光滑的面团，醒 20 分钟。

（2）制馅：将肉馅中偏肥部分在大勺中炒出油，加入姜、甜面酱拌匀，再放入瘦肉、花椒面、鸡汤，开锅后，改小火煨制，收汁时加入鸡精、味素、生抽调味，倒入盆中冷却。冷却后倒入季节性蔬菜拌匀。

（3）下剂、包馅：下剂，包制饺子。

（4）熟制：放入蒸锅中，蒸 5 分钟即可。

老边饺子

六、评价标准

香气四溢，造型别致，口味鲜香。

七、技术要领

（1）饺子皮擀制时要薄厚均匀。

（2）包制时要造型美观。

八、拓展任务

改变成熟方法，或蒸，或煮，或煎炸，增加不同风味。

九、营养特点

老边饺子为纯肉馅，食用时应该控制食量，最好辅以蔬菜食用，防止能量摄入过多，保持营养均衡。

任务十六 马家烧麦

一、产品介绍

马家烧麦是沈阳地区特殊风味的回民小吃，早在清嘉庆元年（1796 年），由马春开创至今，已有 200 多年的历史。马家烧麦选料严格，制作精细，口味好，造型美观，用开水烫面，大米粉作辅粉。选用腰窝、紫盖、三叉三个部分的牛肉剁碎作馅，加调料用清水浸煨，拢皮捏馅时留大缨。有皮亮、筋道、馅松、醇香等特点。其外形犹如朵朵含苞待放的牡丹，令人食欲大增。清道光八年（1828 年），马春之子马广元在沈阳小西门拦马墙外开设了门市，立号马家烧麦馆，1961 年最后坐落在沈阳小北门里，即现在的马家烧麦馆。

二、实训目的

使学生了解水馅的制作方法，掌握烧麦制作的工艺流程；通过理论的讲授能够对烧麦进行制作；培养学生热爱专业、养成良好的职业道德习惯和勤学苦练的优良学风。

三、产品配方

(1) 皮面料：面粉 500 克、盐 5 克、沸水 250 克、大米粉 250 克。

(2) 馅料：牛肉 400 克、牛油 100 克、姜 50 克、味精 17 克、盐 15 克、酱油 17 克、老汤 250 克、花椒水 25 克、葱 125 克、香油 25 克、佐料油 60 克。

四、主要设备与器具

和面机、案台、电磁炉、蒸锅、电子秤、量杯、刮板、烧麦锤等。

五、制作过程

(1) 烫面、和面、醒面：先把面粉放入盆中，然后把烧好的沸水（90℃以上）倒在面粉上烫透（吃水量 250 克），摊成片状晾透，然后和成面团，醒制 20 分钟。

(2) 下剂、制皮：搓成条形，下剂，每个重 10 克，用烧麦锤压成小皮子（直径 70 毫米），10 个皮为一组，碾成菊花皮。

(3) 调馅：将牛肉馅放入盆内，先放入姜末、味精、盐、酱油和花椒水，再加入老汤，顺时针方向搅拌均匀；把葱花均匀地撒在和好的肉馅上面，放入佐料油、香油拌匀即可。

(4) 包馅、成型：把菊花皮放在左手中，用右手拿馅匙把和好的牛肉馅放入菊花皮中间（牛肉馅 17 克），拢成牡丹花状，垂直放在屉中。

(5) 熟制：开水上屉，蒸制 7 分钟即可。

六、评价标准

形如牡丹，柔软筋道，馅心松散，鲜香味美。

七、技术要领

(1) 擀制时以大米面为辅面，蒸制后皮面柔软。

(2) 拢馅时馅心外露少许，使皮面收口处油润劲道。

八、拓展任务

改变造型，增加馅心种类，增加不同风味。

马家烧麦

九、营养特点

马家烧麦油脂用量较多，最好辅以蔬菜作为菜肴，防止脂肪和能量摄入过多，保持营养均衡。

任务十七 萨其马

一、产品介绍

萨其马是中国的特色糕点，是满族的一种食物，清朝三陵祭祀的祭品之一，原意是“狗奶子蘸糖”，也是北京著名京式糕点之一，又“沙其马”“赛利马”。萨其马是将面条炸熟后，用糖混合成小块，成品色泽米黄，口感酥松绵软，香甜可口，桂花蜂蜜香味浓郁。《燕京岁时记》中写道："萨其马乃满洲饽饽，以冰糖、奶油和白面为之，形如糯米，用炭木烘炉烤熟，遂成方块，甜腻可食。"

二、实训目的

使学生了解萨其马的制作方法，掌握制作萨其马的工艺流程；学生通过理论学习能够对萨其马进行制作；培养学生热爱专业、养成良好的职业道德习惯和勤学苦练的优良学风。

三、产品配方

高筋粉 500 克、鸡蛋 350 克、臭粉 5 克、绵白糖 350 克、饴糖 200 克、清水 100 克、熟芝麻 50 克、葡萄干 100 克。

四、主要设备与器具

和面机、案台、电炸锅、电子秤、量杯、刮板、擀面杖等。

五、制作过程

（1）面团和制：将鸡蛋打入盆内放入臭粉，将鸡蛋搅打之后加入面粉，揉成面团，醒 30 分钟；将面团擀成 0.4 厘米的大片，切成细条。

（2）炸制：锅中放入油加热至 180℃，放入切好的细条，炸成金黄色捞出。

（3）成型：绵白糖加饴糖加清水入锅熬化，制成糖浆，温度保持在 116℃；将炸好的条均匀地拌上熬好的糖浆，然后倒在撒上芝麻、葡萄干的木框里面，擀实，用刀切成小块即可。

六、评价标准

色泽金黄，形态美观，口感酥脆香甜。

七、技术要领

（1）擀制面片要薄厚均匀，切面条长短均匀。

（2）炸制时油温掌握得当，色泽均匀。

八、拓展任务

改变装饰、增加不同风味。

萨其马

九、营养特点

萨其马属于高糖食品，作为点心应少食为宜，糖尿病患者禁止食用。

任务十八 广式月饼

一、产品介绍

广式月饼起源于广州，是以小麦粉、转化糖浆、植物油、碱水等制成饼皮，经包馅、刷蛋等

工艺加工而成的口感酥软的月饼。

二、实训目的

使学生了解浆皮类月饼的制作方法，掌握制作广式月饼的工艺流程；通过理论学习能够对广式月饼进行制作；培养学生热爱专业、养成良好的职业道德习惯和勤学苦练的优良学风。

三、产品配方

（1）皮面料：低筋粉250克、高筋粉20克、糖浆190克、枧水5克、花生油70克、吉士粉8克。

（2）馅料：白莲蓉500克。

四、主要设备与器具

和面机、案台、电烤炉、电子秤、量杯、刮板、月饼模具等。

五、制作过程

（1）调制浆料：在搅拌机中将糖浆、枧水混合均匀，加入花生油拌匀，制成浆料。

（2）制面团：低筋粉、高筋粉、吉士粉过筛后用叠面法与浆料制成面团，醒20分钟。

（3）包馅、成型：皮15克、馅35克，包制，带少许干粉，模具压制成型。

（4）熟制：炉温上火240℃、下火170℃，烤制上色（入炉时面坯表面喷少许清水）；表面刷蛋液两遍，再次入炉烤成金红色。

六、评价标准

色泽金黄，形态美观，皮薄馅香。

七、技术要领

（1）包制时面皮要薄厚均匀。

（2）烤制时炉温要掌握得当，色泽均匀。

八、拓展任务

改变馅心口味，增加不同风味。

九、营养特性

广式月饼以莲蓉为馅料。莲蓉具有益肾固精、补脾止泻、养心安神、降血压、清心火的功能。广式月饼油脂和糖含量较高，高血脂、高血糖患者应少食为宜。

广式月饼

项目八
面点创新模块

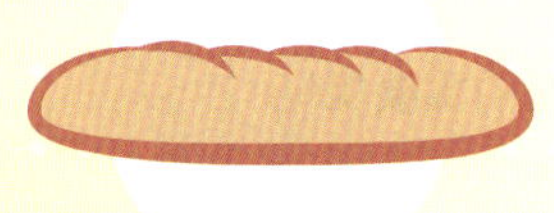

基础理论

一、创新的概念

现代社会，“创新”是一个使用频率非常高的词，已成为世界发展的潮流、民族振兴的路径。作为一个概念，创新是指人们为了一定的目的，遵循事物发展的规律，对事物的整体或其中的某些部分进行变革，从而使其得以更新与发展。这种更新与发展，可以是事物的一种形态转变为另一种形态，也可以是事物的内容与形式由于增加了新的因素而得以丰富、充实、完善等，还可以是内部构成因素的重新组合，这种新的组合会使事物的结构更合理，功能更齐全，效率进一步提高。总之，创新包含目的性、规律性、变革性、新颖性和发展性等因素。

创新作为一种理论，形成于 20 世纪初。著名的创新学者、美国哈佛大学教授约瑟夫•熊彼特在 1912 年第一次把创新引入了经济领域。他认为创新是一种生产函数，实现从未有过的组合，其目的是为了获取潜在的利润。他从企业的角度提出了创新的五个方面：一是产品创新——引进一种新产品或产品的新特性；二是工艺创新——采用一种新的生产方法；三是市场创新——开辟一个新市场；四是要素创新——采用新的生产要素，掠取或控制原材料或半制成品的一种新供应来源；五是制度、管理体制的创新——实现企业的一种新组织。20 世纪 90 年代，我国把“创新”一词引入了科技界，形成了“知识创新”“科技创新”等各种提法，进而发展到社会生活的各个领域。

二、面点创新的潜力

（一）面点具有客源的广泛性

我国传统的饮食习惯是“食物多样，谷类为主”，因此在人们的饮食生活中，面点占有很重要的地位。面点不仅指各种面粉制品，同时也包括各种杂粮及米类制品，面点制品和烹调菜肴组成了人们的进餐食品，面点制品也可离开菜肴制品独立存在。在正常进餐情况下，人们一天的饮食几乎离不开面食制品。所以，面点的制作与创新具有广泛的客源基础。

（二）面点制作发展缓慢，创新具有广阔空间

我国面点的制作，历来是师傅带徒弟传统的手工作业，而师傅传授技艺又受到传统的“教会徒弟，饿死师傅”等俗习的影响，往往是技留一手，使得面点发展缓慢。因此，面点的创新具有起点低但道路广阔的特点。

（三）人员素质的提高是面点创新的重要保证

随着社会的进步，人们对饮食的要求发生了较大的变化，不再认为饮食是生活中的享受，而是人们生存与健康的保障，饮食也是一门高深的学问。新时代的面点师在科研与创新中，不仅要知其然，还要知其所以然，他们带徒的方式也是从单纯的技艺传授上升为讲授、实践、再讲授、再实践一整套体系，大大加快了学生掌握技术的速度。面点从业人员文化水平的提高，人员整体素质的提高，给面点的创新奠定了坚实基础。

（四）面点原料经济实惠是创新的物质基础

面点制品所用的主料是粮食类原料，这些原料不但营养丰富，而且是人们饮食中不可缺少的

主食原料。面点品种不但成本低、售价便宜、食用可口、易于饱腹，而且风味各异，品种繁多，可以满足各类消费者的不同需求。我国是一个农业大国，近年来，粮食生产量呈上升趋势，因此，面点的制作和创新具有稳定的物质基础。

任务一 面点创新的思路

一、扩展新型原料创新面点品种

制作面点的原料类别主要有皮坯料、馅料、调辅料以及食品添加剂等，其品种成百上千。面点制作人员要在充分应用传统原料的基础上，注意选用西式新型原料，如咖啡、干酪、奶油、糖浆以及各种润色剂、加香剂、膨松剂、乳化剂、增稠剂和强化剂，以提高面团和馅料的质量，赋予创新面点品种特殊的风味特征。

（一）面团用料的变化是面点品种创新的基础

中国面点品种花样繁多，传统面点品种的制作离不开经典的四大面团：水调面团、发酵面团、米粉面团和油酥面团。不管是有馅品种还是无馅品种，面团是形成具体面点品种的基础。因此，从面团着手，适当使用新型原料，创新面点品种，不失为一个绝好的途径。除此之外，在某一种面团中掺入其他新型原料，可形成多种多样的面点品种，这也是一种创新。例如，在发酵面团中适当添加一定比例的牛奶、奶油、黄油，会使发酵面点暄软膨松之外，更显得乳香滋润，不但口感变得更好了，而且也富有营养。

（二）馅心的变化是面点品种创新的关键

中国面点大部分属于有馅品种，因此馅心的变化，必然导致面点品种的创新。我国面点馅心用料十分广泛，禽肉、畜肉等肉品，鲜鱼、虾、蟹、贝、参等水产品，以及杂粮、蔬菜、水果、干果、蜜饯、鲜花等都能用于制作馅心。除此之外，咖啡、干酪、炼乳、奶油、糖浆、果酱等西式新型原料，也可用于馅心，制作出不同的面点品种，如巧克力月饼、咖啡月饼、冰淇淋月饼等已经引领了国内月饼馅心品种创新的潮流。除了用料变化之外，馅心的口味也有了很大的创新。传统的中国面点馅心口味主要分为咸味馅和甜味馅，咸味馅口味是鲜嫩爽口、咸淡适宜，甜味馅是甜香适宜。在面点师的创新下，采用新的调味料后，面点馅心的口味有了很大变化，目前主要有鱼香味、酱香味、酸甜味、咖喱味、椒盐味等。

（三）面点色、香、味、形、质等特征的创新是吸引消费者的保证

色、香、味、形、质等特征历来是鉴定面点品种制作的关键指标，而面点品种的创新，也主要是体现在制品的色、香、味、形、质等特征方面，最大限度地满足消费者的视觉、嗅觉、味觉、触觉等需要。

（1）在“色”方面，具体操作时应坚持用色以淡为主外，也应熟练地运用缀色和配色原理，尽量多用天然色素，不用化学合成色素。例如，三色马蹄糕一层以糖色为主，一层以牛奶白色为主，一层以果汁黄色为主，成熟后既达到了色彩分层美的效果，又避免了用色杂乱的弊端。

（2）在“香”方面，要注意体现馅心用料新鲜、优质、多样的特点，并且巧妙运用挥发增香、

吸附增香、扩散入香、酯化生香、中和除腥、添加香料等手段调馅，以及采用煎、炸、烤等熟制方法生成香气。

（3）在“味”方面，不能仅仅局限于传统面点只用咸、甜两个味，还要利用更多复合味为面点增添新品种，创新出不同味的面点。

（4）在“形”方面，样式变化种类繁多，不同的品种具有不同的造型，即使同一品种，不同地区、不同风味流派的面点也会千变万化。具体的“形”主要有几何形态、象形态（可分为仿植物和仿动物形）等。“形”的创新要求简洁自然、形象生动，可运用省略法、夸张法、变形法、添加法、几何法等手法，创造出形象生动的面点，又要使制作过程简便迅速。例如，裱花蛋糕中用于装饰的月季往往省略到几瓣，但仍不失月季花的特征；“蝴蝶卷”则把蝴蝶身上的图案处理成堆成几何形等。

（5）在“质”方面，创新要求在保持传统面点“质”的稳定性的同时，还要善于吸收其他食品特殊的优势，善于利用新原料和新工艺。

二、开发面点制作工具与设备，改善面点生产条件

“工欲善其事，必先利其器。”中国面点的生产手段有手工生产、印模生产、机械生产等，但从实际情况看，仍然以手工生产为主，这样便带来了生产效率低、产品质量不稳定等一系列的问题。所以，为推广发扬中国面点的优势，必须结合具体面点品种的特点，创新、改良面点的生产工具与设备，使机器设备生产出来的面点产品，能最大限度地达到手工面点产品的特征指标。

三、讲求营养科学，开发功能性面点品种

功能性面点不仅具备一般面点所具备的营养功能和感官功能，还具有一般面点所没有的或不强调的调节人体生理活动的功能。功能性面点主要包括老人长寿、妇女健美、儿童益智、中年调养四大类。例如，可以开发具有减肥或轻身功效的减肥面点品种，开发具有软化血管和降低血压、降低血脂及胆固醇、减少血液凝聚等作用的降压面点品种，也可以开发出有益于老人延年益寿、儿童益智的面点品种。总之，面点创新是餐饮业永恒的主题之一。对于广大面点师来说，要做到面点创新，除了要具备一定的主客观条件之外，还要进行科学思维，遵循面点创新的思路，这样才能创作出独特的面点品种。

具体来说，可以按以下方面进行。

（一）以制作简便为主导

中国面点制作经过了一个由简单到复杂的发展过程。人类社会的发展从低级社会到高级社会，各类产品的制作技艺也不断精细，面点技艺也不例外，于是产生了许多精工细雕的美味面点。但随着现代社会的发展以及需求量的增大，除高档餐厅、高档宴会需精细点心外，开发面点时应考虑到制作时间。点心大多是经过包捏成形制成的，如果进行长时间的手工处理，不仅会影响产品生产的速度，不利于大批量生产，而且也不利于食品营养与卫生。

现代社会节奏的加快，食品需求量的增大，从生产经营的角度来看，已容不得我们慢工出细活，而营养好、口味佳、速度快、卖相好的面点产品，将是现代餐饮市场最受欢迎的品种。

（二）突出携带方便的优势

面点制品具有较好的灵活性，绝大多数品种都可方便携带，不管是半成品还是成品，所以在开发时就要突出面点制品携带方便的优势，将开发的品种进行恰到好处的包装。在包装中能用盒的

就用盒，便于手提、袋装。如小包装的烘烤点心，半成品的水饺、元宵，甚至可将饺子皮、肉馅、菜馅等都预制调和好，以满足顾客自己包制的需求。

突出携带方便的优势，还可扩大经营范围。对于机关团体、工地等需要简便地解决用餐问题的场所，可以及时大量供应面点制品，以扩大销售。面点制品由于携带、取用方便，可以不受就餐条件的限制，可以扩大餐饮市场份额。

（三）体现地域特色

中国面点除了在色、香、味、形及营养方面各有千秋外，还保持着传统的地域性特色。面点在开发过程中，在注重原料的选用、技艺的运用时，也应尽量考虑到各自的乡土风格、地域特色，以突出个性化、地方性的优势。如今，全国各地的名特面点食品，不仅为中国面点家族锦上添花，而且深受各地消费者欢迎，如煎堆、汤包、泡馍、刀削面等已经成为我国著名的风味面点，并已成为各地独特的饮食文化的重要内容之一。利用本地的独特原料和当地制作食品的传统方法加工、烹制面点食品，可为地方特色面点的创新开辟新路。

（四）大力推出应时应节品种

我国面点自古以来就与中华民族的时令风俗和淳朴感情有密切的关系，在一年四季的日常生活中，不同时令均有独特的面点品种。明代刘若愚的《酌中志》记载，那时人们正月吃年糕、元宵、双羊肠、枣泥卷，二月吃黍面枣糕、煎饼，三月吃糍粑、春饼，五月吃粽子，十月吃奶皮、酥糖，十一月吃羊肉包、扁食、馄饨……当今我国各地都有许多适时应节的面点品种。中国面点是中国人民创造的物质和文化的财富，这些品种，使人们的饮食生活洋溢着健康的情趣。

中外各种不同的民俗节日也是面点开发的最好时机，如元宵节的各式风味元宵，中秋节的特色月饼，重阳节的重阳多味糕品，圣诞节的各式西点，春节的各种年糕等。目前，在许多节日中，我国的面点品种推销还缺少品牌和力度。需要说明的是，一定要掌握好节日食品生产制作的时节，应根据不同的节日提前做好生产的各种准备工作。

（五）力求创作出易于贮存的品种

许多面点还具有能短暂贮存的特点。在特殊的情况下，许多糕类制品、干制品、果冻制品等，可用电冰箱、贮藏室存放起来。如经烘烤、干烙的制品，由于水分得到了蒸发，其贮存时间较长。各式糕类制品，如松子枣泥拉糕、蜂糖糕、蛋糕、伦敦糕等；酥类、米类制品，如八宝饭、糯米烧麦、糍粑等；果冻类制品，如西瓜冻、什锦果冻、番茄菠萝冻等；馒头、花卷类食品，等等。如保管得当，可以在数日内贮存，并保持特色。如果我们在创作之初就能从易于贮存方面考虑，产品就会有更长的生命力，这样就可增加产品的销售量。

（六）雅俗共赏，迎合餐饮市场

中国面点以米、麦、豆、黍、禽、蛋、肉、果、菜等为原料，其品种干稀皆有，荤素兼备，既可填饥饱腹，又美味可口，深受各阶层人民的喜爱。

在面点开发中，应根据餐饮市场的需求，既要生产能满足广大群众需要的普通面点，又要开发精致的高档宴席点心；既要考虑面点制作的大众化，又要提高面点食品的文化品位，把传统面点的历史典故和民间文化挖掘出来。另外，面点创新既要符合时尚，又要满足消费，以适应人们的饮食生活的多样化需求。

任务二 食用菌花卷

一、产品介绍

食用菌营养丰富、味道鲜美，是低热能、低盐、低糖、低脂肪、高蛋白质食品的首选食材，也是世界性的健康食品和保健食品。食用菌花卷就是面点的创新产品。

二、实训目的

使学生树立运用食用菌进行面点创新的思路；掌握食用菌花卷的制作技能；培养学生创新意识，养成良好的职业道德习惯和勤学苦练的优良学风。

三、产品配方

面粉 500 克、蘑菇粉 30 克、酵母 5 克、泡打粉 8 克、白糖少许、温水 250 克、食盐 5 克、葱花碎 50 克、色拉油 40 克。

四、主要设备与器具

面案、蒸箱、醒箱、电子秤、量杯、刮板、擀面棍、油刷等。

五、制作过程

（1）和面：将除了葱花碎和色拉油外的原料和成生物膨松面团。

（2）揉面、醒面：面团揉透揉匀，醒 15 分钟。

（3）成型：擀长方形片，刷油，撒面、盐；擀成厚 5 毫米的长方形片，刷油，撒面、盐；把长方形片从上至下叠成长条，顶刀切成长 3 厘米的段或长 2 厘米的段。

双手拇指把 3 厘米长的段从中间向下按，对折后绕拇指一圈儿按实，做成团花卷；或双手把 2 厘米长的段顺长抻长紧挨着拧两个扣，做成长花卷。

（4）熟制：生坯入醒箱醒置 10 分钟。上屉用旺火蒸 10 分钟即可。

六、评价标准

色泽乳黄，层次清晰，鲜香适口。

七、技术要领

（1）蘑菇粉的用量要适当。

（2）生坯醒发大小要一致。

（3）形状要美观。

（4）注意蒸制火候。

八、拓展任务

可从技法创新方面将蘑菇粉花卷做成蝴

蘑菇

蝶、猪蹄等形状，或加入可可粉做成蘑菇状面食。

九、营养特点

食用菌有诸多保健功能，食用菌花卷较普通花卷增加了一些营养，但作为主食，还应该辅以各种菜肴食用，使膳食更为平衡。

任务三 杂粮面条

一、产品介绍

面条是中国和亚洲其他国家最常见的传统面食，是中国传统主食之一。小麦粉中的赖氨酸、矿物质元素锌、B族维生素以及膳食纤维等营养素较少，而杂粮中富含膳食纤维、维生素、矿物质以及生物活性成分等，如，绿豆中的赖氨酸含量是小麦粉中的6倍，矿物质含量是小麦粉的3倍。杂粮面条能够弥补小麦粉面条的营养缺陷，可以提高营养价值。

制作面条的面粉需要有较好的筋力，调制成面团要具有良好的弹性和延展性。从谷类的粉质特性而言，最适合做面条的是小麦粉，而荞麦、燕麦、玉米、小米等由于粉中面筋含量低，筋力差，和制的面团延展性和弹性很差，不适合做面条。由于上述原因，所以在制作杂粮面条时要控制好杂粮的添加量，一般不宜超过小麦面粉的30%，而且还要添加一些活性面筋质（谷元粉）和稳定剂来改善杂粮面团的工艺性能。

二、实训目的

使学生树立运用杂粮原料进行面点创新的思路；掌握杂粮面条的制作技术；培养学生创新意识，养成良好的职业道德习惯和勤学苦练的优良学风。

三、产品配方

小麦粉380克、荞麦粉40克、绿豆粉32克、小米粉28克、燕麦全粉20克、温水200克、食盐7克、谷元粉20克、海藻酸钠2克。

四、主要设备与器具

面案、刀、电子秤、量杯、刮板、擀面棍、煮锅等。

五、制作过程

（1）粉料混合：将小麦粉和杂粮粉、谷元粉、海藻酸钠充分混匀，尤其是海藻酸钠，防止其单独与水接触形成难于融合的胶粒。

（2）和面：加入水、食盐，和成软硬合适的面团（面要稍硬一些）。

（3）醒面：调制好的面团盖上保鲜膜醒制10分钟。

（4）擀面片：将面团擀成厚2毫米的大圆面片。

（5）切条：将大圆面片表面撒些玉米粉（防止折叠时面片间粘连），并用擀面棍折叠堆起，然

后用刀切成宽 5 毫米的长条形，抖落开即成面条。

（6）煮面：将切好的面条倒入沸水中，煮熟后浇上臊子食用。

六、评价标准

面条劲道，不断条，不浑汤。

杂粮面条

七、技术要领

（1）面团要揉匀、揉透。

（2）擀面片时两手用力要均匀，向外伸展要一致，才能保持面片各部位薄厚均匀。

（3）煮制面条时水锅要开，水量足、火候旺，面条才能煮得爽滑。

八、营养特点

杂粮对于防治高血压、高血脂、糖尿病等慢性病有很好的效果，而且使用多种杂粮可实现营养互补，膳食更为平衡。

项目九
宴席面点配备模块

任务一 宴席面点的配备原则

俗话说“无点不成席”，这说明面点是宴席中不可分割的部分，在宴席中具有相当重要的地位。所以，要重视并掌握面点在宴席中的配备原则和配备方法，充分发挥其在宴席中的作用。

宴席面点配备一般需要遵循以下几个基本原则：

一、根据宾客的特点配备面点

在配备宴席面点时，应首先了解并掌握赴宴宾客的国籍、民族、宗教信仰、职业、年龄、性别、体质及饮食特点、风俗习惯及嗜好忌讳，并据此确定面点品种。首先，配备宴席面点应从了解宾客的饮食习惯入手。

因宾客由国内和国外两部分构成，宴席面点需根据具体情况考虑。

（一）国内宾客的饮食习惯

我国各地人民形成了自己的饮食习惯和口味爱好，总体来讲是“南米北面”，“南甜、北咸、东辣、西酸”。南方人一般以大米为主，喜食米类制品，面点制品讲究精巧、小巧玲珑，口味清淡，以鲜为主；北方人一般以面食为主，喜食油重、色浓、味咸和酥烂的面食，口味浓厚，以咸为主。

各少数民族由于生活习惯、饮食特点各不相同，对主食面点也各有各自的特殊要求，如回族同胞以牛羊肉为馅心原料，蒙古族同胞喜爱奶茶，朝鲜族同胞喜食冷面、打糕。

（二）国际宾客的饮食习惯

随着国际交流增多，中国旅游业的迅猛发展，来华的国际友人逐年增多，因此，掌握他们的饮食习惯也显得尤为重要。如美国人喜食烤面包、荞麦饼、水果蛋糕、冻甜面点等；法国人喜吃酥点、奶酪、面包；瑞典人喜食各种甜面点、奶油制品；英国人早餐以面包为主，辅以火腿、香肠、黄油、果汁及玉米饼，午饭吃色拉、糕点、三明治等，晚饭以菜肴为主，主食吃得很少；意大利人喜食面食，意大利的通心粉全球知名；俄罗斯人的主食是面包；德国人喜食甜面点，尤其是用巧克力酱调制的面点；日本人喜食米饭，也喜欢吃水饺、馄饨、面条、包子等面食；朝鲜人的主食是米饭、杂粮，爱吃冷面、水饺、炒面、锅贴、打糕等面食；泰国人的主食是米饭，喜食咖喱饭、米线；印度人喜食米饭及黄油烙饼等。

二、根据宴席的主题配备面点

不同的宴席有着不同的主题。配备宴席面点时，应尽量了解设宴主题与宾客的要求，以便精选面点品种，这样做既紧扣了宴席主题，又使宴席面点的配备贴切、自然。例如：婚宴喜庆热烈，可配备“大红喜字”“龙凤呈祥”“合欢并蒂”“鸳鸯戏水”等象形图案的裱花蛋糕，以及鸳鸯酥盒、莲心酥、鸳鸯包或船点等象形面点品种，以增加喜庆气氛；寿宴如意吉祥，可选择配备寿桃蒸饺、豆沙寿桃包、寿桃酥、伊府寿面等品种，还可以精心制作一些诸如“松鹤延年”“寿比南山”“南极仙翁”“麻姑献寿”等裱花蛋糕。

三、根据宴席的规格配备面点

宴席的规格有高档、中档、普通三种档次，因此，宴席面点的配备也有档次之别。宴席面点的质量差别和数量差异取决于宴席的规格档次。面点只有适应宴席的档次，才能使席面的菜肴质量与面点质量相匹配，达到整体协调一致的效果。

四、根据地方特色配备面点

我国面点的品种繁多，每个地方都有许多风味独特的面点品种，在宴席中配备几道地方名点，既可使客人领略地方食俗，增添宴席的气氛，又可体现主人的诚意和对客人的尊重。

五、根据时令季节配备面点

一年有春夏秋冬四季之分，宴席有春席、夏筵、秋宴、冬饮之别。不同的季节，人们对饮食的要求不尽相同，即“冬厚夏薄”，“春酸、夏苦、秋辣、冬咸”。要根据季节气候变化选择季节性的原料制作时令面点，配备宴席面点。如春季可做春饼、炸春卷、荠菜包子、鲜笋虾饺等品种，夏季可做生磨马蹄糕、杏仁豆腐、豌豆黄、鲜奶荔枝冻等品种，秋季可做蟹黄灌汤包、菊花酥饼、蜂巢香芋角等品种，冬季可做腊味萝卜糕、萝卜丝酥饼、梅花蒸饺、八宝饭等品种。在制品的成熟方法上，也因季节而异，夏、秋多用蒸、煮或冻等方法，冬、秋多用煎、炸、烤、烙等方法。

六、根据菜肴的烹调方法不同配备面点

一桌筵席的菜肴采用不同的烹调方法，可使菜肴彰显不同特色。宴席面点的配备应根据具体菜肴的烹调方法所形成的特色选择合适的面点品种，使其口感和谐统一或对比鲜明。如烤鸭常配鸭饼，白汁鱼肚常配菠饺，虫草老鸭汤常配发面白结子。

七、根据面点的特色配备面点

面点的特色从色、香、味、形和器皿、质感、营养等方面来体现，具体而言，可以从以下几个方面考虑。

（1）颜色方面，面点与菜肴之间色彩相互衬托，和菜肴搭配时，应以菜肴的色为主，以面点的色烘托菜肴的色，或顺其色或衬其色，使整桌宴席菜点呈现统一和谐的风格。

（2）香气方面，在配备宴席面点时，应以面点的本来香气为主，并以能衬托对应菜肴的香气为佳。

（3）口味方面，一般是咸味菜肴配咸味面点，甜味菜肴配甜味面点。

（4）形状方面，面点制品食用性与欣赏性的有机结合，更能增添宴席的气氛，在宴席面点的配备中应坚持实用为主的原则，采用恰当的造型扣紧主题，衬托菜肴，美化宴席。

（5）器皿的选择要符合面点的色彩与造型特点，并对菜肴起烘托作用。

（6）宴席菜点的质感多样化，既可体现宴席的精心制作过程，又可带给人们美的享受。

（7）宴席面点在选择、加工制作时除注重单份面点品种的营养搭配外，还应考虑与整桌宴席菜肴营养的数量、比例搭配是否协调。

八、根据年节食风配备面点

中国面点讲究“应时应典”。如果举办宴席的日期与某个民间节日相近，面点也应该做相应的安排。如清明配青团，端午节配粽子，中秋节配月饼，元宵节配汤圆，春节配年糕、春卷、饺子等。

任务二 宴席面点的配备方式

一、宴席面点的配备应与菜肴及宴席的规格档次要求一致

在配备筵席面点时，面点在数量上应和宴席的菜肴要求一致。面点的数量过多，就显得喧宾夺主；过少，则显得单薄。面点在质量上要和宴席的规格保持一致，提高质量和降低质量都不合适。

（1）高档宴席：一般配面点 6 ～ 8 道，其选料精良，制作精细，造型精巧，风味独特。

（2）中档宴席：一般配面点 4 ～ 6 道，其选料讲究，口味纯正，造型别致，制作恰当。

（3）普通宴席：配面点 2 道，其用料普通，制作一般，具有简单造型。

二、宴席面点配备应多样化

配备宴席面点时要在口味、造型方法和成熟方法等方面有不同的变化，以求达到不同的色、香、味、形的要求，使面点更好地和宴席菜肴相互映衬。

（一）口味多样

面点的口味由面皮和馅心的口味决定。面点在口味上不仅要甜咸搭配、荤素搭配，还要酥脆搭配、软糯搭配、甘鲜搭配、松化与回味搭配。要根据不同的原料，制作不同的馅心，搭配不同口感的面皮，使其相互配合，丰富多彩。

（二）造型方法多样

面点的造型方法是多种多样的，在配备一组面点时，应避免造型重复，保证造型多样化。

（三）成熟方法多样化

面点的成熟方法有蒸、炸、煎、煮、烤、烙以及复合成熟法等多种。成熟方法对面点的口感有直接的影响，因此配备面点时，选择面点品种时应该考虑到不同的成熟方法。

（四）灵活性原则

指面点的配备要根据客人的特点和时令的变化灵活安排，既要考虑到客人的民族、饮食习惯和职业、年龄、性别，主宾设宴的目的，也要适应四季的变化和年节的变化。灵活性原则的自如运用，可以使面点为整个宴席增色。

三、宴席面点在配备时要以菜肴为主，面点为辅

在配备宴席面点时，要根据宴席的规格档次配备面点，以菜肴为主，面点为辅，使面点达到衬托菜肴、调节口味及口感的目的。

四、宴席面点在配备时要与菜肴穿插上桌

宴席配备的面点主要是起衬托作用，一定要和菜肴穿插上桌，方能更好地体现和突出菜肴的美味和一桌宴席的韵律。面点如提前上桌，客人吃饱了面点，就不能好好品尝菜肴；如果餐后才上面点，客人先只吃凉菜和热菜，根本不能仔细地品尝面点，无韵律可言。

五、宴席面点在配备时要做到菜点结合，把握好上桌时机

宴席面点的配备要注意菜肴的上桌时机，菜点结合，不可提前或延迟。如樟茶鸭要配荷叶饼，一定要让荷叶饼和樟茶鸭一起上桌。高档的宴席，可以在上了三个热菜之后上一个面点品种，以烘托和延续宴席的档次。

六、宴席面点可以配备羹汤等甜品

宴席面点可以配备羹汤等甜品，但一定要和菜肴相互配合，如果面点要配备羹汤等甜品，可以让菜肴的汤提前上桌，而面点的羹汤甜品起压桌、收菜之效，此甜品应在上果盘前上桌，不可在上果盘后上桌。

任务三 面点配色、盘饰与围边

一、面点配色、盘饰与围边的作用

面点的盘饰与围边主要是指用各类可食用的原料通过细致的加工与创意所形成的作品造型。对盘边进行装饰，既能烘托菜肴、提升菜肴档次，又能给食客美的享受。面点盘饰是面点制作必不可少的技能。

盘饰就是盘子的装饰，围边是对面点的装饰，其作用是：一是增加美感，二是增加食欲，三是提升宴席的档次。

面点盘饰与围边以面塑为主要的形式，也可以用果蔬雕刻、花卉等装饰。不管是中式还是西式的面点，在呈送顾客之前，都常以围边、碟头摆件作为装饰，其作用可使面点更精致、更富有美感，最重要的是可以突出宴席的主题，赋予面点及宴席更具人性化的意义。

二、色彩的选择与应用

不同色彩的面点给人以不同的感受。色彩有冷有暖之别，冷色给人以清淡、凉爽、沉静的感觉，暖色给人以温暖、明朗、热烈的感觉。

（一）色彩的定调

面点盘饰、围边一定要和面点有主次之分，明确面点的色彩冷暖之分，这是盘饰的首要条件。

（二）确定底色

确定底色，就是在构图时，要根据色彩的对比和所盛面点的色彩，选择适当的盛器。面点的造型美离不开餐具的烘托。

（三）应用对比色彩

色彩的对比，就是将不同的色彩互相映衬，使各自的特点更鲜明、更突出，给人更强烈、更醒目的感受。当然，处理不当时，也容易产生杂乱炫目的结果。

三、面点盘饰、围边的特点

面点盘饰、围边对于面点制作既有关联又有区别。

（一）用料以面点原料为主

面点装饰、围边的主要原料是面点原料，如澄面、土豆泥、巧克力酱、果酱等；同时，实际制作中也使用果蔬雕刻及花卉等作为装饰和围边的原料。

（二）制作工艺简单快捷

面点盘饰和围边是为了衬托面点制品，因此盘饰和围边要简洁明了，制作工艺要简单快捷。

（三）美化效果明显

面点盘饰和围边是为面点制品的色彩、形状锦上添花，使色彩、形状平庸的面点绽放异彩，所以，面点盘饰使用得当，可起到画龙点睛之效。

四、面点盘饰、围边的应用原则

利用面点盘饰、围边美化菜肴，应遵循以下几条原则。

（一）实用性原则

一是需要进行面点盘饰、围边的菜肴，才能进行面点盘饰、围边，不能“逢菜必饰”，避免画蛇添足；二是主从有别，特别要注意克服花大力气进行华而不实、喧宾夺主式的面点盘饰、围边；三是要克服为装饰而装饰的唯美主义倾向；四是提倡在面点盘饰、围边中多选用能食用的原料，少用不能食用的原料，禁止使用危害人体安全的原料。

（二）简约化原则

面点盘饰、围边的内容和表现形式要以最简略的方式达到最佳的美化效果。繁杂、琐碎的面点盘饰、围边不是最美的，但也不是说装饰原料用的越少越好。面点盘饰、围边的简约化原则是要使盘饰、围边成为面点的“点睛之笔”，要以少胜多，要少而精，恰到好处。

（三）鲜明性原则

面点盘饰、围边要以形象的、具体的感性形式来表现面点的美感。在面点盘饰、围边时，要善于利用装饰原料的颜色、形状、质地等属性，在盘中摆放出鲜明、生动、具体的图形。

（四）协调性原则

面点盘饰、围边自身装饰造型及与面点、餐盘的搭配要和谐、协调。首先，面点盘饰、围边自身的装饰造型、色彩及与餐盘之间应该是和谐的；其次，面点盘饰、围边应该在面点装盘之前根据面点的需要进行设计，要充分考虑到面点主体和盘饰、围边相互之间在表达主题、造型形式及原料选择上的联系，使盘饰与面点成为一个有机联系的整体。

盘饰造型：孔雀梅花

五、面点盘饰、围边的构图方法

根据盘饰的空间构成形式及其性质，盘饰可以分为平面装饰、立雕装饰、套盘装饰和面点互饰四类。

（一）平面装饰的构图方法

平面装饰又称面点周边装饰，可以用面塑、水果、蔬菜装饰，是利用原料的性质、颜色和形状，采用一定的技法将原料加工成型，在餐盘中适当的位置上组合成具有特定形状的平面造型。平面装饰可以采用全围式（沿餐盘的周围拼摆花边）、象形式（如宫灯形、金鱼形、梅花形、花环形、葫芦形、桃形、太极形、花篮形、心形、扇形、苹果形、向日葵形、秋叶形、凤梨形等）、半围式（在餐盘的一端或两端拼摆图形）等方法来装饰。

（二）立体装饰的构图方法

立体装饰是指用立体的面点制品来装饰、衬托面点。立体装饰多用于装饰美化品位较高的面点。立体装饰的题材很广泛，其寓意多为吉祥、喜庆、欢乐，工艺有简有繁，作品有大有小。

（三）套盘装饰的构图方法

套盘装饰是将精致、高雅的餐盘，或材质很特别的容器，套放于另一只较大的餐盘中，以提升菜肴的品位和审美价值。在套盘装饰中小餐盘多选用精致珍贵的银器餐盘、高雅素洁的水晶餐盘或精美的磁制餐盘、陶制餐盘等，还可选用形状、材质方面别开生面的容器，如浑然天成的大贝壳，编制精致的小柳蓝，清香四溢、形制特别的竹筒，质朴自然的椰子、清瓜、凤梨等。大餐盘大多选择能与小餐盘匹配的磁质餐盘、木质餐盘、竹器餐盘、漆器餐盘和金属支架等。

（四）面点互饰的构图方法

所谓面点互饰是指利用不同面点之间互补互益的特性，把它们共同放在一个餐盘中，以达到相得益彰的装饰效果。其中，面点还可以换成菜肴。所以菜品互饰包含着菜肴与菜肴、点心与点心、菜肴与点心之间的互相装饰。面点（菜品）互饰将食用与审美融为一体，是值得提倡的装饰形式。

项目十
面点师职业规范模块

任务一 面点师职业规范

面点师职业规范是指面点师在从事面点工作时所要遵循的行为规范和作为一个合格的面点师所必备的基本素质，主要表现在职业道德、基础知识和专业素质三个方面。

一、职业道德

职业道德是指人们在职业生活中所应遵循的道德规范和行为准则，它包括道德观念、道德情操和道德品质。面点师的职业道德是指面点师在从事面点制作工作时所要遵循的行为规范和必备的品质。作为一名面点师，除了应遵循社会主义的道德规范和行为准则外，还必须对饮食行业职业道德进行了解并遵循其规范和准则。基本要求是：

（1）忠于职守，爱岗敬业。

（2）讲究质量，注重信誉。

（3）尊师爱徒，团结协作。

（4）积极进取，开拓创新。

（5）遵纪守法，讲究公德。

二、基础知识

一名合格的面点师，需具有餐饮专业基础知识，通晓食品营养卫生学，熟知餐饮相关的法律法规和制度，具有食品成本控制、安全生产的相关知识。

（一）饮食卫生知识

（1）食品污染。

（2）食物中毒。

（3）各类烹饪原料的卫生。

（4）烹饪工艺卫生。

（5）饮食卫生。

（6）食品卫生法规及卫生管理制度。

（二）饮食营养知识

（1）人体必需的营养素和热能。

（2）各类烹饪原料的营养结构。

（3）营养平衡和科学膳食。

（4）中国宝塔形食物结构。

（三）饮食成本核算知识

（1）饮食业的成本概念。

（2）出材率的基本知识。

（3）净料成本的计算。

（4）成品成本的计算。

（四）安全生产知识

（1）厨房安全操作知识。

（2）安全用电知识。

（3）防火防爆安全知识。

（4）手动工具与机械设备的安全使用知识。

三、专业能力

面点师是能运用传统或现代的成型技术和成型方法，对面点的主料和辅料进行加工，制成具有一定营养价值且色、香、味、形、质俱佳的各种主食、小吃和点心的人员。因此，面点师应具有以下专业能力。

（1）选料配料能力。

（2）面团调制能力。

（3）馅料调制能力。

（4）面点成型能力。

（5）面点熟制能力。

（6）面点盘饰、围边能力。

（7）面点配备能力。

（8）面点营销能力。

（9）面点创新能力。

任务二 面点师仪容仪表要求

仪容即人的容貌，仪表即人的外表。仪容仪表包括容貌和服饰等方面，是一个人精神面貌的外观体现。面点师的仪容仪表不仅展示了其职业素养，也代表了餐厅或酒店的形象，体现了对他人的尊重和礼貌，从而将最终影响餐厅或酒店的经济效益与声誉。因此，整洁优雅的仪容仪表是对每个面点师的基本要求。由于面点师以加工、制作食品为主，所以在仪容仪表上有特殊的要求，具体要做到以下几点。

一、头发

（1）头发不能过长。男面点师要求头发前不过眉、侧不过耳、后不压领；女面点师要求头发前不遮眼、侧不盖耳、后不过肩，长发盘起于脑后系头花或放于发网内。头发要常洗，保持整齐、简洁、色黑、光亮，无头屑；除染黑发外，不染其他发色。

（2）上岗必须戴厨师帽，并且要求头发全部包在厨师帽内。在进入工作区域前，要求对工装和头发进行检查。

二、面部

（1）面部必须干净，女面点师不化妆或化淡妆，男面点师不留须。

（2）操作明档和直接接触客人的操作人员必须戴口罩（鼻孔不外露）。

三、手部

（1）手部表面干净，无污垢。

（2）指甲外端不准超过指尖，指甲内无污垢，不准涂指甲油。

四、工装

（1）上班时必须做到“四齐”上岗，即厨师服（含汗巾、围裙）、厨师帽、工作裤、工作牌要穿戴整齐，且干净整洁，无异味、无褶皱、无破损。

（2）工装只能在工作区域或相关地点穿戴，不得穿工装进入作业区域以外的地域。严禁穿着工装外出。工装应勤洗涤、勤更换，要经常保持工装的平整洁净。

面点师仪容仪表要求

五、鞋子

（1）穿按岗位配发的工鞋，工鞋应清洁光亮。酒店未配发工鞋，一律穿防滑耐磨的黑色皮鞋，不得穿凉鞋、拖鞋、水鞋等。

（2）男鞋后跟不能高于 3 厘米，女鞋后跟不能高于 6 厘米。

六、袜子

袜子要求颜色为黑色或深蓝色。袜子无破洞，裤脚不露袜口。

七、饰物

不得佩戴手表以外的其他饰物（结婚戒指除外），手表款式不能夸张。

参 考 文 献

[1] 张北，等. 面点工艺学 [M]. 北京：中国科学技术出版社，2009.

[2] 成晓春，等. 中餐面点制作 [M]. 北京：北京理工大学出版社，2014.

[3] 赵洁. 面点工艺 [M]. 北京：机械工业出版社，2011.

[4] 张松. 面点工艺 [M]. 成都：西南交通大学出版社，2013.